畜禽养殖技术管理丛书

怎样提高养长毛兔效益

向　前　姜继民　编著

金盾出版社

内 容 提 要

本书由河南省科学院生物研究所的著名专家编写。内容包括:长毛兔的起源、发展及其产品的市场前景,长毛兔现有品系及其特性,长毛兔养殖场的建设,良种长毛兔群的建立,长毛兔的繁殖特性与繁殖技术,长毛兔的营养与饲料,长毛兔的饲养与管理,长毛兔的疾病防治,兔毛的贮存、收购规格与出口加工等9章。书中系统地介绍了提高长毛兔养殖效益的关键技术和关键措施,内容丰富,科学实用,通俗易懂。可供长毛兔养殖场、养兔专业户、农技推广人员及有关农业院校师生阅读。

图书在版编目(CIP)数据

怎样提高养长毛兔效益/向前,姜继民编著.—北京:金盾出版社,2006.6

(畜禽养殖技术管理丛书)

ISBN 978-7-5082-4026-8

Ⅰ.怎… Ⅱ.①向…②姜… Ⅲ.毛用型-兔-饲养管理 Ⅳ.S829.1

中国版本图书馆 CIP 数据核字(2006)第 029653 号

金盾出版社出版、总发行

北京太平路 5 号(地铁万寿路站往南)

邮政编码:100036 电话:68214039 83219215

传真:68276683 网址:www.jdcbs.cn

封面印刷:北京精美彩色印刷有限公司

正文印刷:北京兴华印刷厂

装订:双峰装订厂

各地新华书店经销

开本:787×1092 1/32 印张:7.625 字数:168 千字

2009 年 6 月第 1 版第 4 次印刷

印数:29001—37000 册 定价:12.00 元

前　言

长毛兔是一个以产毛为主的家兔品种。因兔毛织品具有轻、暖、爽、美的特点，随着经济的发展和人民生活水平的提高，逐渐成为高消费人群所喜爱的服饰，国内外需求量不断上升。我国是农业大国，农业劳动力充足、劳动成本低，饲养长毛兔又是劳动密集型产业，特别适合在农村庭院里养殖。

我国自 1954 年开始出口兔毛，1979 年兔毛产量跃居世界第一位，目前出口量占世界贸易量的 90% 以上，成为我国 48 个年出口创汇超过 1 亿美元的项目之一。

党中央、国务院重视“三农”问题，号召帮助农民致富奔小康。长毛兔养殖业走进农村，贴近农民，为农民带来了良好的经济效益。但是，目前我国农村饲养长毛兔还存在很多问题，影响着长毛兔产业的发展。为了正确引导农民科学饲养长毛兔，笔者根据自己多年的理论与生产实践经验，编写了《怎样提高养长毛兔效益》一书，向读者详细介绍了提高长毛兔养殖效益的关键技术和关键措施，期望农民朋友通过对本书的学习、应用，取得较高的经济效益。

本书的彩色图片由河南省台前县良种长毛兔繁育总场提供，在此深表感谢。

由于笔者的理论和技术水平有限，书中不妥之处在所难免，敬请广大读者批评指正。

编著者

2006 年 3 月

目　　录

第一章 概 述

长毛兔与其他家兔具有共同的起源和祖先，在动物分类学上同属哺乳纲，兔形目，兔科，兔亚科，穴兔属，穴兔种，家兔变种。目前，全世界已知家兔约有 60 多个品种和数百个品系，所有的品种和品系都是通过家兔的基因突变或杂交选育而形成的。

家兔品种按被毛类型的不同可分为标准毛品种、长毛品种和短毛品种 3 大类，其中长毛品种和短毛品种都是从标准毛品种突变而形成的。按经济用途分类，家兔品种可分为肉用品种、毛用品种和皮用品种。其中毛用品种用途比较专一，而肉用品种和皮用品种则都具有兼用性质。

一、长毛兔的起源、发展及其产品的市场前景

有关长毛兔的起源问题比较公认的说法是，长毛兔原产于土耳其的安哥拉城，因此称为安哥拉兔。是在标准毛型的兔群中出现了长毛型的突变体，因其毛绒奇特、洁白、美观而深受人们的喜爱。人们将这种长毛兔个体饲养起来，使其繁衍后代供少数人玩赏之用。18 世纪中期土耳其开始向国外输出长毛兔，先后传入法国、英国、德国、日本等国家。随着饲养范围的扩大和毛纺工业的不断发展，利用兔毛纺织高档毛线开始兴起，由于它柔软、细暖、透气性好、吸收性强，染色后色彩绚丽，深受消费者的青睐，因而使长毛兔养殖得到迅速推

广和发展。经过各国养兔界多年的选育、杂交改良，先后形成比较著名的英、法、德、日等安哥拉兔品种或品系，毛色有纯白色、灰色、蓝色、黑色等，但以白色最普遍。目前饲养长毛兔数量较多的国家有中国、法国、德国、日本、美国、英国等。

国外饲养长毛兔开始于18世纪中、后期，但真正形成一项产业才只有100多年的历史。我国于1924年首次从日本引进英系安哥拉兔，1926年又从法国引进法系安哥拉兔，零星饲养在浙江一带的农村，并与当地的中国白兔进行了杂交。20世纪50年代初期随着兔毛外销渠道的打通，优毛优价政策的落实，大大提高了养兔户饲养、选择、培育良种长毛兔的积极性，种兔质量和种群数量都有了较大发展。1954年我国开始出口兔毛，当年只出口0.4吨，占世界兔毛贸易量的0.3%左右；1959年全国收购兔毛540吨，出口335吨，已上升为世界兔毛贸易量的17%左右；1969年兔毛出口量增加到1 250吨，占世界兔毛贸易量的78%；1979年收购兔毛3 515吨，出口2 675吨，已占世界贸易量的92%，从此我国兔毛生产在世界上一直占绝对优势。目前，全国饲养长毛兔的省、直辖市主要有天津、上海、山东、江苏、浙江、河南、安徽、山西、陕西、四川等，其产品主要销往德国、意大利、英国、法国、荷兰、加拿大、墨西哥、澳大利亚、新西兰、日本及我国的香港、澳门和台湾地区，成为我国出口创汇超亿美元的48个主要商品之一。

随着我国长毛兔产业的发展和适应竞争的需要，种兔品质也得到大大提高，20世纪50年代我国自己培育的中系安哥拉兔每只年产毛量只有350克左右，为迅速提高我国长毛兔的产毛量，从1978年起各省又先后引进几批德系安哥拉兔，以改良中系安哥拉兔，经过十几年的杂交选育，取得了很好的效果，长毛兔主产区山东、浙江、江苏、安徽、河南、四川和上海等 7 个省、直辖市基本实现了良种化，长毛兔存栏已占全国的 90%以上。为适应国际兔毛市场的需要，我国在 20 世纪 80 年代又引进了体型大、毛长、粗毛含量高的法系安哥拉兔，一方面进行纯种繁育，一方面用以改良中系安哥拉兔。所以，目前的中系安哥拉兔兼有德系与法系安哥拉长毛兔的血统，粗毛含量在 13%左右，高于德系安哥拉兔，低于法系安哥拉兔。

随着经济的发展和人们消费水平的不断提高，人们对服饰用品的追求向着“轻、软、暖、爽、美”的方向发展，兔毛织品恰恰具备了这 5 个方面优点，是棉花、化纤、羊毛和其他兽毛无法比拟的。兔毛纤维平均细度为 14～15 微米，比最细的羊毛(16～23 微米)还细，所以兔毛织物轻薄柔软；兔毛吸湿能力强，吸湿度可达 60%，比羊毛高 1 倍，比棉花高 2 倍，用兔毛纱织成的布料所做的夏装能以最快的速度将汗水挥发，从而降低人体表面的温度；优质兔毛白亮似雪，其皮质层细脆易吸收染料，所以兔毛染色纯正；兔毛蛋白质中氨基酸链结构特殊，因此兔毛织品经久不绉，挺爽舒展。

全世界最高生产年份兔毛产量不过 2 万吨，其中 90%以上都由中国生产，而全世界每年棉花、化纤、蚕丝、羊毛和其他兽毛的总产量达 6 000 万吨，兔毛产量仅占 0.03%。2 万吨兔毛，世界人均不到 5 克，中国人均不到 20 克，因此生产量与需求量差距很大，具有非常大的发展空间。

二、我国长毛兔产业在发展过程中存在的误区和对策

（一）我国长毛兔产业在发展过程中存在的误区

1. 生产过程中存在大起大落现象 20 世纪 80 年代以前，中国没有兔毛加工企业，生产的兔毛全部出口，由于国际上出现周期性的经济危机和国内经营失策、生产失控，使兔毛价格经常出现大起大落现象，造成生产量忽高忽低，致使养殖场（户）经济效益无保障。

2. 保种工作做得不好 新中国成立后，我国曾花费大量外汇先后从国外引进不少长毛兔品种，但引种后未能按照原种标准提纯复壮，致使品种性状退化。另外，经过杂交改良培育的优良地方品系或良种核心群，保留下来的也不多，只有少数骨干企业在兔毛销售低谷时保住了种，其余大部分场家在这一时期纷纷下马。当形势好转时，有些人又仓促上马，所引进的种兔品质一般，单只年产毛量只有 800～1 000 克，因此经济效益一般。

（二）发展我国长毛兔产业的对策

我国是农业大国，人口众多，必须走节粮型畜牧业的道路。养兔是首选项目，特别是长毛兔，现已打下了良好的基础，只要进一步努力，解决好薄弱环节的问题，就能在市场竞争中站稳脚跟。

1. 农户养兔要坚持“三性”

（1）应变性 养兔规模要根据市场的变化而变化，当市场

上兔毛产量大、销售价格有下降趋势时，就要逐渐压缩规模，只将最优秀的个体选留下来，其余淘汰；当市场上兔毛上市量小、价格有上升趋势时，即让保留下来的种兔加紧繁殖，迅速扩群，当种群繁殖达到预期规模时，可能是兔毛销售形势最好的时期。

(2)科学性 养长毛兔要养产毛量高的优良品系，采用先进的科学技术，使年平均单只产毛量达到1.75千克以上。每只兔平均每年多剪250克毛，以现行价就多收入40元左右，不但效益提高了，而且也增加了抗风险能力。

(3)忍耐性 在兔毛价格下滑比较严重的时候，不要轻易杀兔倒笼，要有忍耐性，要设法降低饲养成本，薄利销售，保住种兔，去劣保优，提高种兔群质量，一旦兔毛价格回升即可重新开始扩繁，获得良好的效益。

2. 重视良种培育 饲养产毛量高、产仔数多、仔兔成活率高的优良品种，可以获得更高的经济效益。凡是有一定规模的长毛兔饲养场，要制订自己的种兔质量标准，不管是本种兔群提纯复壮还是引进优良种兔杂交改良，最终要达到制订的质量标准要求。优良的种兔，一般要求成年兔单只体重在5千克左右，年产毛量1 500～2 000克，所产绒毛毛纤维较细、密度大、不缠结；种母兔母性好，繁殖力强，年产仔5胎以上，胎产仔6～8只，育成率80%以上，且仔兔生长快，育成后产毛量高。

3. 建立生产基地 笔者认为，可以乡(镇)为单位构建良种供给、兔毛生产、收购、销售、饲料、添加剂、兔药和疫苗一体化服务体系，饲养场、户不离开本乡就可以买到所需要的饲料原料、兔药和疫苗，就可以销售兔毛和种兔，同时还可以接受技术培训、技术服务，不断提高养兔的技术水平，得到更好的经济效益。

4. 开发兔毛产品，开拓兔毛市场 我国目前年出口兔毛量稳定在8 000～10 000吨。单一的兔毛原料出口由于受国际经济形势周期性、产品流行周期性以及价格变化的制约，使我国的长毛兔饲养业出现周期性的变化。为了改变这种状况，我们在巩固和扩大国际市场的同时，要积极开拓国内市场、开发高附加值的兔毛产品方能稳定长毛兔饲养业。目前，上海、浙江、山东、山西、广东等省、直辖市相继报道了兔毛纺织技术的各项新进展，使兔毛不仅用来纺毛线、编织毛衣，而且可以纺纱织布，并解决了织物的缩水和起球问题。这是一个历史性的大转折，可以由单一出口兔毛转变为出口兔毛纱或兔毛绒布、兔毛服装，这样不仅带动长毛兔生产稳定发展，而且出口创汇率大大提高，使我国的长毛兔生产走上高产、高效的黄金时代。

第二章　现有长毛兔品系及其特性

目前各国饲养的长毛兔，由于不同的环境条件、饲料条件以及不同的选育标准和选育方法等，培育出了许多品系，主要有德系安哥拉兔、法系安哥拉兔、日系安哥拉兔、英系安哥拉兔和中系安哥拉兔。

一、德系安哥拉兔

德系安哥拉兔由德国培育而成，是目前世界各国饲养比较普遍的一个品系，产毛量较高。我国自 1978 年开始引进饲养，目前在山东省还保留其纯种。

（一）外貌特征

面部绒毛不甚一致，有的有长毛，有的无长毛，亦有额毛、颊毛丰富的，但大部分耳壳背面无长毛，仅耳尖有一撮毛，养兔界俗称“一撮毛”；全身被覆厚密的绒毛，被毛有毛丛结构，不易缠结，毛纤维有明显的波浪形弯曲；四肢、腹部密生绒毛，体毛绒毛率达 91%左右，长而细软；头型扁、尖削，胸部和背部发育良好，背线平直，四肢强健。

（二）生产性能

德系安哥拉兔体型较大，成年兔（1 周岁）体重 3.5～5.2 千克，高的可达 5.7 千克，平均 3.95 千克，体长 45～50 厘米，胸围 30～35 厘米。年产毛量公兔平均 1 190 克，母兔平均

1 406 克，最高的达 2 000 克；被毛密度为 16 000～18 000 根/厘米^2，粗毛含量 5.4%～6.1%，细毛细度 12.9～13.2 微米，毛长 5.5～5.9 厘米。繁殖性能表现为年产 4～5 胎，胎产仔 6～7 只，最高达 12 只；一般母兔 4 对乳头，多的达 5 对乳头；配种受胎率为 53.6%。

（三）主要优缺点

主要优点为产毛量高，被毛密度大，细毛比例大且长而柔软，因有丛毛结构而不易缠结。主要缺点为适应性差，特别是不耐热，公兔有夏季不育现象；对饲养条件要求比较高，不耐粗饲；繁殖性能偏低，配种后受胎率较低，初产母兔母性差，少数母兔还有食仔恶癖。

二、法系安哥拉兔

法系安哥拉兔由法国经过长期选育培养而成，是目前世界上著名的粗毛型长毛兔。我国早在 20 世纪 20 年代就引进饲养，但没形成商品生产规模。20 世纪 80 年代，为了搞好兔毛生产及改良国内安哥拉兔的需要，又先后引进一些新型法系安哥拉兔，目前国内仍保留有它的种群。

（一）外貌特征

全身被毛长而洁白，但密度较差，粗毛含量较高。额部、颊部及四肢下部生有短毛，耳宽长且较厚，耳尖无长毛或有一小撮短毛，耳背密生短毛，养兔界称之为“光板”。该品系的长毛兔体型较大，体质健壮，头稍尖，面部稍长。脚毛较少，胸部和背部发育良好，四肢强壮。

（二）生产性能

法系安哥拉兔体型较德系安哥拉兔略小，成年兔（1 周岁）体重 3.5～4.6 千克，高者达 5.5 千克。体长 43～46 厘米，胸围 35～37 厘米。公兔年产毛量 900 克左右，母兔年产毛量 1 200 克左右，最高产的个体年产毛量可达 1 300～1 400 克；被毛密度不如德系安哥拉兔，为 13 000～14 000 根/厘米^2，粗毛含量为 13%～20%，平均为 15%，细毛的细度为 14.9～15.7 微米，毛长 5.8～6.3 厘米。繁殖性能较德系安哥拉兔好，年产 5 胎以上，胎产仔 6～8 只，一般母兔 4 对乳头，也有 5 对乳头的，选种应尽量选择 5 对乳头的母兔；配种受胎率为 58.3%。

（三）主要优缺点

本品系兔的主要优点是产毛量较高，毛纤维较粗，粗毛含量高，适于纺线和做粗纺原料；适应性强，耐粗饲，容易管理；繁殖性能好；适于以拔毛的方式采毛。主要缺点是被毛密度差，面、颊、四肢下部无长毛。

三、日系安哥拉兔

日系安哥拉兔由日本培育而成，生产性能不及德系和法系安哥拉兔。我国于 1979 年从日本引进，目前主要分布在浙江省和辽宁省。

（一）外貌特征

头型偏宽而短，额部、颊部、两耳外侧及耳尖部均有长毛，额毛有明显分界，呈“刘海状”。耳长中等、直立。四肢强壮、肢势端正，胸部和背部发育良好。全身被覆洁白浓密的绒毛，粗毛含量较少，但不易缠结。

（二）生产性能

日系安哥拉兔体型比德系和法系安哥拉兔均小，成年兔（1周岁）体重3～4千克，高者达5千克，体长40～45厘米，胸围30～33厘米；年产毛量公兔为500～600克，母兔为700～800克，高者达1 200克；被毛密度为12 000～15 000根/厘米^2，粗毛含量5%～10%，细毛细度12.8～13.3微米，毛长5.1～5.3厘米。年产3～4胎，平均每胎产仔8～9只，母兔乳头4～5对；配种受胎率为62.1%。

（三）主要优缺点

本品系兔的主要优点是对环境的适应能力强，耐粗饲，易于饲养管理；繁殖力强、受配率高、胎产仔数多，母兔母性强、泌乳性能高，仔兔成活率高。缺点是体型较小，产毛量较低，兔毛品质一般。

四、英系安哥拉兔

该品系安哥拉兔由英国培育而成。体型偏小，毛细，偏向于观赏用。我国早在20世纪20年代就开始引进饲养，曾对我国长毛兔的选育工作起过积极作用。但由于其体型小、产毛量低，目前纯种英系安哥拉兔已极少见，即使在英国也难见到。

(一)外貌特征

头型偏圆，额毛、颊毛丰满，耳短厚，耳尖密生绒毛，形状似缨，有的个体整个耳背均有长毛，飘出耳外，甚为美观。全身被覆蓬松、洁白、丝状的绒毛，形似雪球，毛质细柔。四肢及趾间脚毛较多。背毛由背中央自然分开，向两侧披下。

(二)生产性能

本品系兔的体型较小、紧凑，成年兔(1 周岁)体重 2.5～3 千克，高者达 4 千克，体长 42～45 厘米，胸围 30～33 厘米；年产毛量公兔为 200～300 克，母兔为 300～350 克，高者达 500 克；被毛密度为 12 000～15 000 根/厘米^2，粗毛含量 1%～3%，细毛细度 11.3～11.8 微米，毛长 6.1～6.5 厘米。繁殖力较强，年产仔 4～5 胎，胎平均产仔 5～7 只，最高胎产仔数可达 15 只；配种受胎率平均达 60.8%。

(三)主要优缺点

主要优点为繁殖力强，被毛洁白、蓬松，可以作为观赏用。缺点为被毛密度差，年产毛量低；体质弱，抗病力差；母兔泌乳力较差，有待选育提高。

五、中系安哥拉兔

我国自 1924 年首次从日本引进安哥拉兔，1926 年又从法国引进法系安哥拉兔，零星饲养在江、浙一带的农村，并与当地的中国白兔杂交。20 世纪 50 年代中期兔毛出口对外打开销路，大大提高了群众养兔的积极性，于是群众认真选择，逐渐形成一个具有独立特征的新品系。1959 年通过正式鉴定，命名为中系安哥拉兔。

（一）外貌特征

主要特征是狮子头、全耳毛、老虎爪。耳长中等，整个耳背和耳尖均密生细长的绒毛，飘出耳外，被称为“全耳毛兔”。头宽而短，额毛、颊毛丰富，从侧面看往往看不到眼睛，从正面看也只是一团绒球，形似狮子头。趾间、脚底也密生绒毛，形似老虎爪。骨骼较细，皮肤稍厚，体型清秀。

（二）生产性能

本品系的兔体型小，成年兔（1 周岁）体重 2.5～3 千克，最高的可达 4 千克，体长 40～44 厘米，胸围 29～33 厘米；年产毛量公兔为 200～250 克，母兔为 300～350 克，高者可达 450～500 克；被毛密度为 11 000～13 000 根/厘米^2，粗毛含量 1%～3%，细毛细度 11.4～11.6 微米，毛长 5.5～5.8 厘米。繁殖力较强，年产仔 4～5 胎，胎产仔数 7～8 只，高者可达 12 只；配种受胎率为 65.7%。

（三）主要优缺点

主要优点是性成熟早、繁殖力强、母性好、仔兔成活率高，适应性强，耐粗饲；体毛洁白、细长、柔软，形似雪球，可作为观赏之用。主要缺点是体型小，生长慢；产毛量低，被毛纤细，缠结率高，一般可达 15%。

20 世纪 80 年代以来，我国兔毛出口量越来越大，每年出口创汇超过 1 亿美元，使该项生产受到党中央和政府的重视。各地种兔场与科技人员相结合，通过杂交、选育、提纯、复壮，已经培育出了一批遗传性能稳定、生产性能优良的高产长毛兔。例如浙江省宁波市镇海种兔场，采用本场长毛兔与德系安哥拉兔杂交、选育，培育的种群成年兔平均体重达 5 千克，年产毛量 1 500～2 000 克。河南省濮阳市台前县良种长毛兔繁育总场自 1982 年以来，利用德系安哥拉兔、法系安哥拉兔以及国内一些良种兔场的优良个体进行多元杂交、选育，经过 22 年的努力，培育的种兔群一般个体体重都在 5 千克以上，最高者达 6 千克；年产毛量 1 500～2 000 克，群平均可以达到 1 750 克。最高的个体养毛期 80 天，1 次剪毛 550 克，平均年产毛量达到平均体重的 35%，超过现在法系安哥拉兔的生产水平。另外，山东省蒙阴县、莱芜市、临沂市等都培育出了自己的优良种兔群。

第三章 长毛兔养殖场的建设

养殖场是长毛兔长期生存的环境，其好坏直接影响长毛兔的生命活动和生产性能，所以对长毛兔的生产至关重要。

一、建设长毛兔养殖场过程中需注意的问题

建设长毛兔养殖场需注意以下 3 个方面的问题，即场区选址、兔舍建设和兔笼搭建。如果不懂长毛兔生物学特性和生活习性，场址选择不符合长毛兔的生活习性要求，兔舍、兔笼不符合控制小环境的要求，就会影响长毛兔的成活率和生产性能。

（一）场区选址过程中需注意的问题

长毛兔属于体小力弱的小家畜，缺乏抵御敌害的能力，因此具有胆小怕惊的特性，尤其是突如其来的刺激，会引起它们的惊慌失措、乱蹦乱跳，幼兔会产生应激反应，引起精神沉郁、食欲不振，影响其以后的生长发育；妊娠母兔会引起流产，产仔母兔会因惊恐而咬伤仔兔或残食仔兔。

长毛兔还有喜干厌湿性，这是一种生存的本能，因为潮湿环境容易孳生各种病原微生物。因其被毛厚密，汗腺又极不发达，形成怕热耐寒的特性，所以在场址选择时要避开它们所厌恶的环境，选择它们喜爱的生活环境。

有些初办长毛兔养殖场的人，不了解长毛兔的生活习性，

或对其生活习性重视不够，加之选择场址时条件有限，将养殖场建在临近交通主干道的位置，或建在机械震动比较大、排放有害气体量比较大以及低洼潮湿排水性不好的位置，给以后的工作带来很大的麻烦，甚至降低饲养长毛兔的经济效益。

（二）兔舍建造过程中需注意的问题

1. 光照条件 有的饲养场（户）利用旧民房作兔舍，由于光照不足，影响长毛兔的繁殖力。应尽量建造南北朝向的兔舍，增加光照时数，以利于长毛兔的生长发育。

2. 通风条件 长毛兔舍需要通风干燥，舍内空气新鲜。有些饲养场（户）用来作兔舍的旧房舍因窗子小或没有后窗，不能形成空气对流，也不懂安装排、送风设备，结果造成兔舍阴暗、潮湿、舍内空气污浊，病原微生物孳生，发病率高、死亡率高，养兔经济效益很差。

（三）兔笼搭建过程中需注意的问题

笔者在长期深入养殖场指导生产的过程中发现，凡是使用水泥预制板组装笼的兔场，不仅成年兔发病率低，而且仔、幼兔成活率也较高；凡是使用铁丝笼、隔离效果差的，发病率就高，仔、幼兔死亡率也高。究其原因，使用铁笼的兔舍，无隔离措施，一旦一只兔发病，病原体很容易扩散到周围笼内，引起周围笼的兔发病。

为了避免建场时走进误区，必须认真考察、科学决策，选好场址，做好建场规划，合理布局，建好兔舍和兔笼。

二、长毛兔养殖场的基本建设

（一）确定饲养规模

据专家推算，饲养30～50只成年兔的农户，能保本或略微盈利；饲养100只以上成年兔则效益明显，可以尝到养兔致富的甜头；饲养300～500只成年兔即有可观的效益。因此，农民饲养长毛兔的适度规模应该在300～500只。

（二）选好场址

选择建场场址，既要考虑长毛兔对环境的要求，还要考虑建场地点的自然条件和社会条件以及有无进一步发展的空间。

第一，理想的场址应该是地势较高，排水条件好，常年除雨天外都比较干燥；背风向阳，小环境比较温暖。低洼、常年潮湿的地方及山谷、背阴的地方都不能建兔场。

第二，兔场场址还应选择水源充足、水质良好、符合饮用水标准的地方。长毛兔每天每只平均饮水量0.3升左右，没有水源或水源不足、水质不好的地方都不能建兔场。水源以自来水、泉水、井水及流动的江河水比较理想，农村水池、水塘的死水不能作为兔的饮用水使用，更不能让兔饮用被工厂废水、生活污水污染过的水。

第三，兔场选址还应考虑环境和交通方面的因素，距离村镇应不少于500米，距离交通主干道应不少于300米，距离一般道路100米以上。兔场的朝向应以当地日照和风向为依据，我国冬季西北风为多，夏季东南风为多，所以兔场的朝向以向南为宜，这样冬季背风，夏季迎风。

第四，由于兔场照明、饲料加工等都需要用电，加上综合开发利用用电，因此兔场必须建在比较容易输、变电的地方，将来延长产业链时也比较方便。

第五，兔场既不能成为环境的污染源，也不能被不良环境所困扰，因此兔场应建在居民区的下风位置，但要离开居民点及其排污的地方一定距离。另外，还要离开排污量和排毒气量较大的化工厂、水泥厂以及机器长鸣的工厂等。

（三）规划建设布局

一个规模较大的养兔场应设生产区、管理区、生活区、隔离区 4 个部分。如果布局合理，就会产生高的生产效率，降低饲养成本，提高经济效益。

1. 生产区 是长毛兔饲养场的核心区，是总体布局的主体。各类兔的饲养区按主风向依次为种兔饲养区、幼兔饲养区、生产兔饲养区。为了便于冬季接受光照均匀和夏季通风良好，兔舍长轴应对着夏季主导风方向。规划兔舍布局时要求整齐、紧凑，充分利用土地面积。

生产区还应附设剪毛室、人工授精室、饲料贮存室、饲料加工室。门口要设消毒室和消毒池。

2. 管理区 主要为办公、接待外来人员的区域，由于与社会联系频繁，来往人员较多，因此应安排在兔场的一角，并与生产区以隔离带分隔，外来人员只能在管理区活动，不准随意进入生产区。如有特殊情况需进入生产区的，必须在生产区门口经消毒后方能进入，这样有利于防疫。

3. 生活区 包括职工宿舍、职工食堂、娱乐室等，是职工下班后活动和休息的区域。应设在上风位置，并与生产区隔离，不能混建。职工上班先在消毒室消毒，并穿上工作服和水靴，下班脱下工作服和水靴，穿上自己的生活便装离开生产区。

4. 隔离区 应设在生产区的下风方位，主要包括兽医室、解剖室、病兔隔离舍、新进种兔观察舍等。

规范长毛兔养殖场参考平面布局见图 3-1。

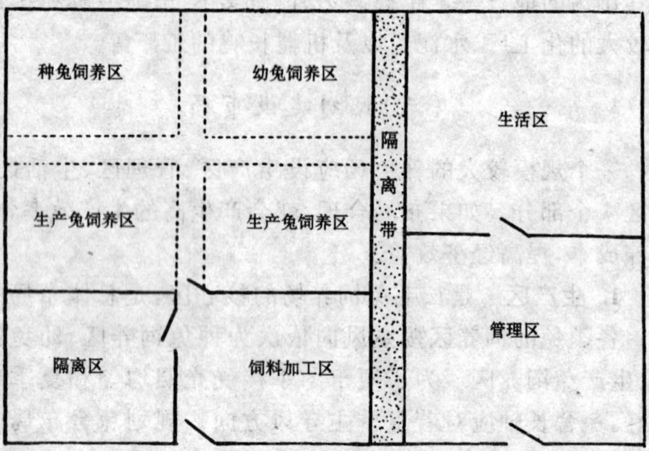

图 3-1 规范长毛兔养殖场平面布局

三、兔舍的建造

(一)建造兔舍的基本要求

兔舍建造要求经济、实用，既不增加投入，又能满足生产管理的需要，所以必须达到以下基本要求。

第一，兔舍的地面必须平坦、坚实，既便于清扫、消毒、冲洗等，又容易很快干燥。目前多数采用水泥处理的地面，这种地面不吸水，便于积粪、积尿，清扫或冲洗都很方便，如果通风良好，舍内湿度很小，还便于消毒。

第二，如果建封闭式的兔舍，墙体应具有坚固、耐火、隔热等性能。砖砌墙、土坯砌墙都具备以上要求。

第三，兔舍门、窗都应考虑采光、保暖、通风等问题。兔舍冬季要保暖，门、窗应可以随时关闭；夏季要求通风散热，应能随时打开。窗台离地面 1 米为宜，门宽要求 0.8～1 米，高 2 米。

第四，兔舍主要用来遮阳、防雨、防风，且必须做到隔温，夏天隔热，防止兔舍温度上升过快、过高；冬季保温，不使兔舍温度很快降低。有的兔舍顶部只有 1 层石棉瓦，这种舍顶的兔舍夏天很热，冬季透风又很冷，不能满足长毛兔对环境温度的要求。若是利用这种兔舍的养殖场，夏季要设遮阳网，冬季舍内要吊顶隔温。以后建场的如果还要用石棉瓦做顶，应在石棉瓦下抹一层 5 厘米厚的草泥，泥上再放石棉瓦，这样会提高舍顶的保温性能。

第五，兔笼底层的后面和旁边都要建粪尿沟，长度应与兔笼长度相同，宽度为 25～35 厘米。沟底可以是弧形的，也可以是方形的，以便于清扫为宜。可用砖砌，水泥抹面，其表面要光滑、渗透性小。

（二）对兔舍内环境的要求

兔舍建造得合理，能给长毛兔创造适宜的生活环境，提高长毛兔的各项生产性能。具体要求包括以下几个方面。

1. 对温度的要求　适宜的温度能够大大提高长毛兔的生产性能。长毛兔汗腺不发达，加之体表又被覆很厚的被毛，因此对低温有较强的耐受性。健康兔在－20℃～－30℃的条件下仍然能够生存，不会被冻死，只是为维持体温营养消耗过大。但是，对热的耐受性就比较差了，兔舍温度超过25℃，长毛兔的生理活动就要受到影响，同时也会影响其生产性能。

试验证明，长毛兔仔兔期最适宜的环境温度为30℃～35℃，因仔兔窝中有草和毛保温，仔兔舍温度达到20℃～25℃即能满足其生长发育需要；幼兔最适宜的环境温度为20℃～25℃；成年兔最适宜的环境温度为15℃～25℃。因此，建造兔舍时要考虑冬季保温、夏季散热的问题。

长毛兔采毛前和采毛后，对环境温度的适应能力差别很大。采毛前因被毛层厚，抗寒力强，耐热性差；采毛后因被毛层薄，散热性增加30％以上，所以抗寒力减弱，耐热性增加。根据长毛兔的这一特点，冬季剪毛可分片进行，先剪去背部的毛，待1个月后再剪体侧下部及腹部的毛，以增加其保暖性能。如果一次性剪去全身的毛，必须将剪毛后的个体放在温暖的兔舍里，1个月后再移到5℃～15℃的兔舍里，这样才不会影响其产毛性能。

2. 对湿度的要求 长毛兔喜欢干燥的生活环境，最适宜的环境相对湿度为60％～65％，55％～70％的相对湿度也能适应，但高温、高湿和低温、高湿的环境，对长毛兔的生长发育有很大威胁，这种环境既不利于夏季散热，又不利于冬季保温，还容易引发内、外寄生虫病。

生产实践证明，兔舍空气湿度过大，常导致兔笼潮湿，被毛污染，影响兔毛质量；有利于病菌、寄生虫的繁殖，容易引发传染病、球虫病、疥癣病等。如果兔舍相对湿度长期低于40％，会造成被毛粗糙，兔毛品质下降。同时还会引起长毛兔呼吸道黏膜干裂，引起病菌感染增加疾病的发病率。

长毛兔的呼吸、排尿以及用水冲洗地面等都会增加兔舍内空气的湿度，因此阴雨天气湿度大时，兔舍内的粪、尿要及时清出，不要用水冲洗，以免增加舍内空气湿度。或常备一些生石灰、草木灰等，阴雨天时撒在兔舍内吸潮。更重要的是要保证兔舍通风，以便驱走潮气。

3. 对通风条件的要求　兔舍通风可排出污浊的气体、灰尘和水蒸气，降低兔舍内的湿度，还能有效降低兔群呼吸道疾病的发生率，这是养兔最关键的一个环节。因为兔排出的尿如长时间停留在兔舍内，在一定温度条件下会分解产生氨气、硫化氢和二氧化碳等有害气体，这些有害气体刺激长毛兔的呼吸道和肺，容易引起严重的呼吸系统疾病。

兔舍通风分为 2 种方式，一种是自然通风，另一种是机械通风。小型兔场采用半封闭式或开放式的兔舍，一般采用自然通风的方式，即利用门、窗空气对流或屋顶排气孔和墙底部进气孔对流来调节舍内空气；大型养兔场兔舍很大，靠自然通风的方式换气不彻底，就要采用机械通风，即利用风扇送风和排风的方式进行舍内气体交换。这种方式通风时要求舍内空气流动速度夏季为 0.4 米/秒，冬季为 0.1～0.2 米/秒。此外，兔舍要勤打扫，保持清洁卫生，这样才能降低兔舍内有害气体的浓度，保持兔舍空气新鲜。

4. 对光照条件的要求　光照是引起兴奋作用的环境因子，适宜的光照能增强长毛兔的新陈代谢，增进食欲，促进性腺发育，促进钙、磷吸收。特别是生殖腺对光照最敏感，光照不足可使繁殖力下降，表现为性欲减退、配种母兔受胎率下降、胎产仔数减少等。另外，光照还可以杀菌、保持兔舍干燥，有防病作用。

但光照时间并非越长越好，光照不仅要合理，而且要有规律。例如，公兔和母兔需要光照的时数不同，繁殖母兔每天光照时数要达到 14～16 小时，这样可获得最佳繁殖效果；种公兔在长光照条件下则精液品质下降，因此每天光照时间以 10～12 小时为宜。

兔舍门、窗的采光面积要占兔舍地面的 15%以上，这样才能满足长毛兔对自然光照的需要。我国每年的 5～9 月份自然光照时数基本能满足长毛兔的要求。但 10 月份至翌年 4 月份自然光照时间就不能满足母兔的要求，这时公、母兔要分舍饲养，对母兔补充光照时间。补充光照时一律在晚上，光源以白炽灯光较好，每平方米地面 3～4 瓦，灯离地面 2 米左右。每天开灯、关灯的时间要固定，光照强度也要稳定，否则补光时间忽长忽短，光照强度忽高忽低，会使长毛兔性腺发育紊乱，降低繁殖力。

5. 对周围环境绿化的要求 绿化具有明显的调温调湿、净化空气、防风防沙、美化环境等重要作用。两栋兔舍之间可种一些阔叶树，夏季树荫遮阳，可以降低兔舍温度。冬季阔叶树落叶，不影响兔舍的光照，所以不会降低兔舍的温度。据生产实践中测定，绿化工作搞得好的兔场，夏季可降温 3℃～5℃，相对湿度可提高 20%～30%。兔场四周要种植防护林带，生产区与生活区、管理区之间也应种树，形成隔离带，这样既能防风，对防疫也有利。

（三）建造兔舍的类型

我国地域辽阔，从热带、亚热带、暖温带到寒温带，跨越 4 个气候类型区域，气候条件差异很大，生产条件也不尽相同。北方气候寒冷，多采用封闭式的兔舍；中原地区属于暖温带，多采用半开放式的兔舍；亚热带地区由于冬季气温在 0℃以下的时间很短，因此饲养长毛兔多采用开放式的兔舍。

1. 封闭式兔舍 比较坚固、宽大，四壁为坚固的墙，有窗户或不留窗户，可用其他生产车间改造（图 3-2）。饲养量比较大，控温、控湿、控光、通风设施配置都比较完善，可人工控温、控湿、控制光照时间及通风等，有条件的可安装自动控制系统，自动调节，并能自动送料、自动饮水、机械除粪等。

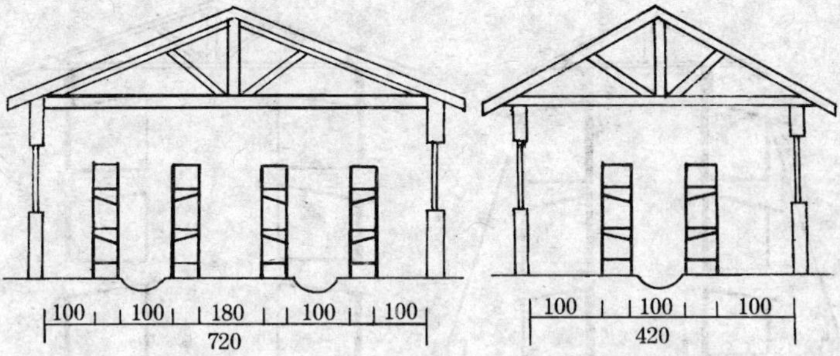

图 3-2 封闭式兔舍示意图 （单位：厘米）

这种兔舍的优点是节约劳动力，环境条件恒定、稳定，生产不受季节限制，生产效益高。缺点是一次性投资大；必须饲喂全价配合饲料；饲养密度大，一旦发生传染病，相互感染的机会多。目前国外生产兔场多采用这种自动控制的集约化生产兔舍。我国北方一些生产场只是室内饲养，控制室内小环境多采用传统方法人工控制。

2. 半开放式兔舍 半开放式兔舍有 2 种形式，一种是双列的，以两侧水泥预制板兔笼作为支撑，笼顶搭制“人”字架，加盖舍顶，起到遮荫、挡雨、防寒的作用。冬季两排笼的外侧加盖塑料薄膜与舍顶形成封闭系统，可以保温；夏季拆除两侧的塑料薄膜，通风条件很好。建设这样的兔舍既经济、又实用，目前中原地区和江苏、浙江、四川等地养兔多采用这种兔舍（图 3-3）。另一种是单列的，即利用墙壁作为 3 层兔笼的后壁，上面搭建半坡形的棚挡雨挡风。冬天棚的前檐到地面用塑料薄膜封住保温，夏季把塑料薄膜拆除，通风透气性很好。这种形式的兔舍适用于农户庭院养殖，搭建起来经济实用（图 3-4）。

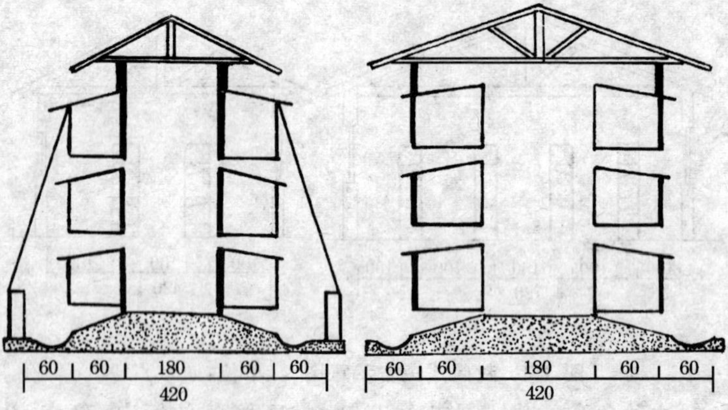

图 3-3　双列半开放式兔舍　（单位：厘米）

3. 开放式兔舍　开放式兔舍均为单列，每栋兔舍东西走向，坐北向南，夏季凉爽，冬季阳光直射兔笼，比较温暖。这种类型的兔舍多在南方用于饲养长毛兔，因为长毛兔比肉兔和獭兔更耐寒。建造这种类型的兔舍只要搭建好固定的兔笼，然后加上简易的遮阳、挡雨设施即可，比较简便，造价也低（图 3-5）。

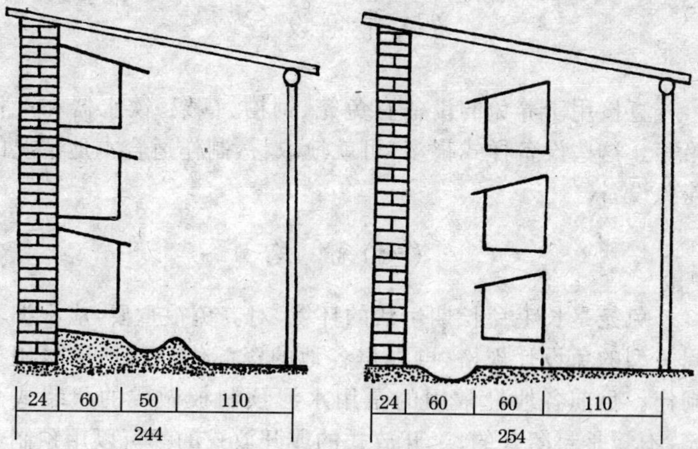

图 3-4　单列半开放式兔舍　（单位:厘米）

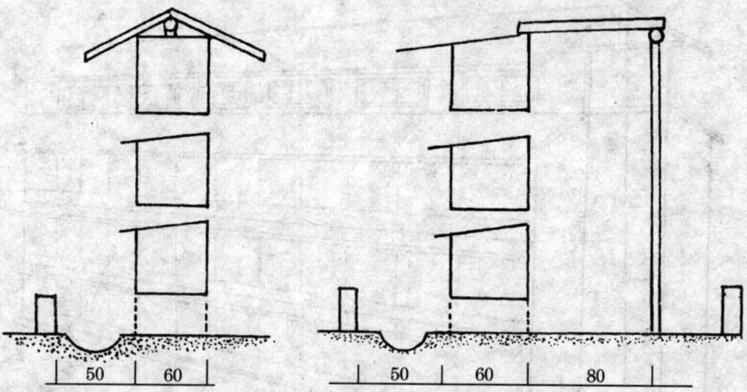

图 3-5　开放式兔舍　（单位:厘米）

四、养兔设备

直接用于养兔的设备有兔笼、饲槽、草架、饮水器和产仔箱等。这些设备样式很多，可就地取材，制作适合本地情况的养兔设备。

（一）兔　笼

兔笼是长毛兔长期生活的环境，对养兔很重要，应根据不同类型的兔设计规格，再根据各地的资源优势就地取材用于制作。目前各地最常用的是用水泥预制板做成的组装式兔笼，不管是封闭式的、半开放式的或开放式的都可以用预制部件组装（图 3-6）；另一种是组装成的铁丝笼。在生产实践中用户反映水泥预制部件组装成的水泥笼比较实用，因其隔离

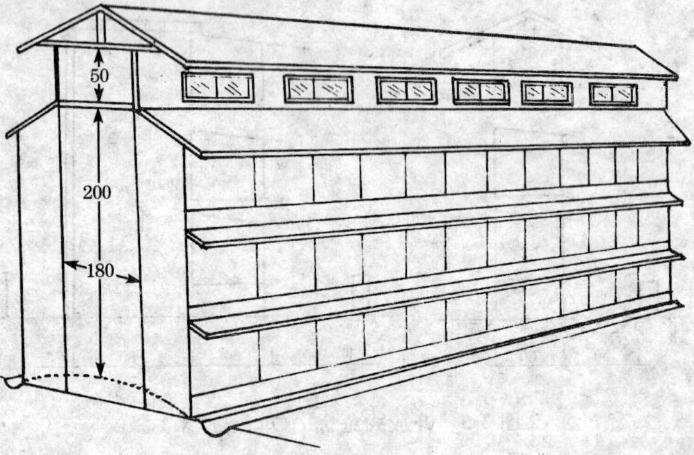

图 3-6　水泥预制板组装笼整体结构　（单位：厘米）

效果比较好，可以防止传染病的交叉传播，大大降低长毛兔的发病率；另一方面可防止上层笼内的兔尿、兔粪滴落到下层，污染下层笼内长毛兔的被毛，兔毛的质量好。

兔笼的规格，可根据兔龄的大小来设计，一般体重5千克以上的成年兔和种兔，每只兔所需笼底面积应在0.4平方米以上，笼的规格应为70厘米×60厘米×40厘米；体重在4千克左右的青年兔，每只兔所需笼底面积在0.3平方米左右，笼的规格为60厘米×50厘米×40厘米；体重3千克以下的幼兔，每只兔所需笼底面积应在0.25平方米左右，兔笼的规格为50厘米×50厘米×40厘米。这样既可保证长毛兔能在笼中自由活动，又不浪费笼位的面积。

兔笼结构应由笼门、笼壁、承粪板和笼底板4部分组成。水泥预制结构的兔笼由3层组装、排列而成。为方便饲养管理和维修，兔笼的总高度应在2米以下。最下一层笼底离地面应在25厘米以上，以利于通风、防潮，使饲养在底层的长毛兔也有较好的生活环境。

1. 笼门 要求坚固、开关方便，能防止敌害进入笼内及兔的啃咬，通常用镀锌冷拔钢丝制成，也可用楠竹片，或工厂压制部件留下的打眼铁皮制成。草架、饮水器、食槽最好安装在兔笼上，尽量做到不开门喂食，这样可以节约时间，提高工作效率，并增加了兔的活动面积。

2. 笼壁 一般由水泥预制板组装而成，也可用砖和水泥沙浆砌成，或用铁丝、竹片隔离代替，但后者隔离性差，一旦一只兔感染疾病，很容易迅速传染给其他健康兔。笼壁要求平滑、坚固，且能防兔啃咬，以免损伤兔的身体和刮掉兔毛。

3. 承粪板 宜用水泥预制件，厚度2.5厘米左右，要求防漏、防腐，便于清扫和消毒。在多层兔笼中，下层笼顶盖即为上层笼的承粪板。为了避免上层兔笼的粪尿、冲洗时的污水溅污下层笼，承粪板应向笼体前伸 3 厘米左右，后延 5 厘米左右，前高后低，坡度 10°～15°，便于粪尿经板面自动流入地面上的粪沟。

4. 笼底板 一般用竹片或镀锌冷拔钢丝制成，大小以笼的面积为标准。要求平而不滑，坚固而有一定弹性。笼底应制成活动的，以便于洗刷消毒或维修。如用竹片钉成，要求竹片宽度 2.5 厘米左右，厚度不低于 0.8 厘米，间距为 1～1.2 厘米。竹片钉制的方向应与笼门垂直，防止兔脚打滑，影响站立。

（二）其他配套设备

养兔设备除兔笼外，还有饲料槽、草架、饮水器、产仔箱等配套设备。各地应根据实际情况就地取材，以经济实用为原则进行加工制作。

1. 饲料槽 要求坚固、耐啃、易清洗、易消毒，方便实用、造价低廉。规模大的养兔场，多采用铁皮或塑料制成的漏斗式饲料槽，便于装颗粒饲料；中、小型养兔场以及家庭养兔，多采用陶制的钵或铁皮制成半圆形抽屉式饲料槽，还有的采用铁皮制成的转动式饲料槽。

(1) 竹制简易饲料槽 这种饲料槽制作简单，成本低。制作方法是将粗竹筒一劈两半，边缘打磨光滑，两端分别钉两块梯形小木块，梯形木块上部略大于竹筒的直径，底部长于上部 5～6 厘米即可。饲料槽大小以竹节间长度为准(图 3-7)。

(2) 转动式饲料槽 以白铁皮或镀锌铁皮打造而成，形状多种多样。饲料槽两端外侧焊一根短铁丝，长 2 厘米左右，卡在笼门食槽口的 2 个卡口内，用于转动饲料槽。饲料槽外口

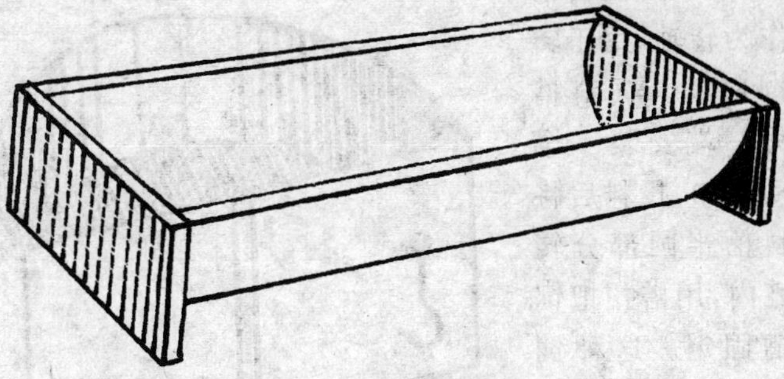

图 3-7 竹制简易饲料槽

的宽度要略大于笼门食槽口的宽度，防止饲料槽全部转入笼内。这样的饲料槽拆卸比较方便，加饲料时不必打开笼门(图 3-8)。

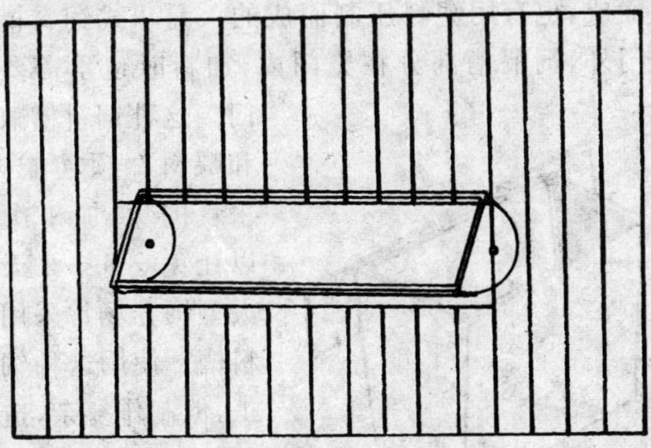

图 3-8 转动式饲料槽

(3)抽屉式饲料槽 用镀锌铁皮或不锈铁皮制作而成，形状为半圆形，投饲时半圆部分朝里，平面部分在外，安装在笼门的食槽口内。在平面一侧外部焊 1 根铁丝，伸出 1.5 厘米左右，卡在笼门食槽口作为转轴，用于转动饲料槽。饲料槽的另一端安装1个活动搭扣，投料后将饲料槽半圆部分转到笼内，用搭扣把饲料槽固定。这种饲料槽喂料时不需打开笼门，拆卸也比较方便(图3-9)。

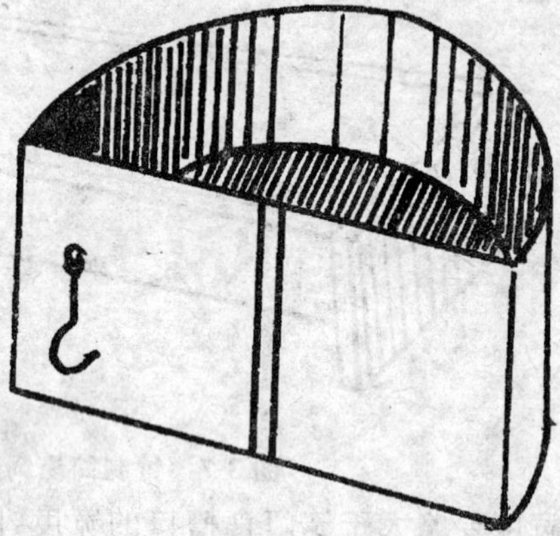

图3-9 抽屉式饲料槽

(4)漏斗式饲料槽 大多用镀锌铁皮打制而成，也有用塑料压制而成的。漏斗式饲料槽的加料斗在笼门外，饲喂槽部分在笼门内，加料时也不需要打开笼门。这种饲料槽兼有贮存和喂料2项功能，对自由采食的兔，加1次饲料可以让兔吃1～2天。一般大型饲养场常采用这种饲料槽。使用这种饲料槽省工，但制作复杂，造价较高(图3-10)。

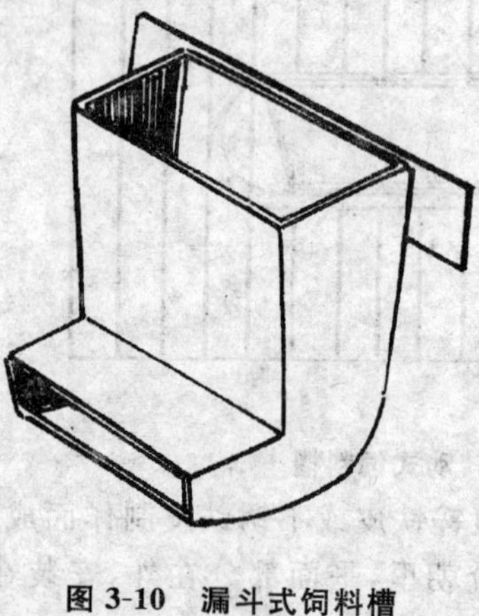

图3-10 漏斗式饲料槽

2. 草架 用草架投草时不必开笼门，比较方便。而且还能防止长毛兔踩踏饲草，防止饲草污染，节约饲草。草架的制作比较简单，目前常用铁丝制作。先用8号铁丝焊成一“V”字形的框架，其外侧面和两侧都装有较密的铁丝网，防止草掉出，贴着笼门的一面可以不加铁丝网，以笼门的铁丝网代替，便于兔吃草(图3-11)。

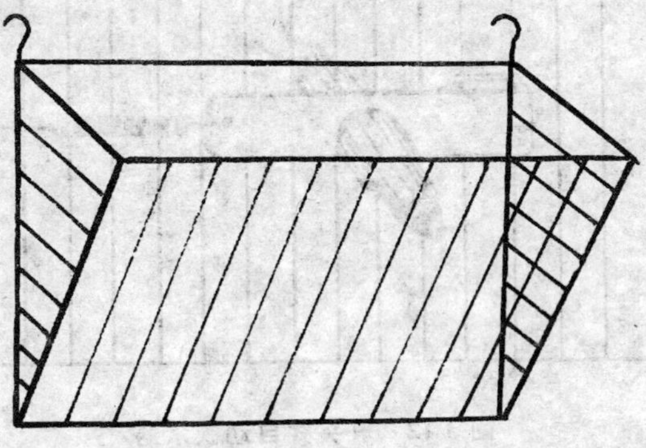

图3-11 饲草架

3. 饮水器 饮水器的种类很多，农户养兔可用搪瓷缸盛水挂在笼门上供兔饮用，但每天需更换新水，比较费时费工。具有一定规模的养兔场大多采用专用饮水器，一般由工厂批量生产，市场上可以买到。一种是用塑料瓶倒挂在笼门外，瓶盖或瓶塞上接1根通向笼内的弯曲铜管，管口要比管身略小，管口内放1个玻璃圆珠，作为活塞，用以堵塞管口。兔饮水时只要用舌舔动活塞，活塞缩进，水即从管中流出。另一种是目前使用最普遍的乳头式自动饮水器，采用不锈钢或铜制作，其工作原理和构造与鸡用乳头式自动饮水器大致相同。饮水器之间用乳胶管及三通相串联，进水管一端接水箱，另一端则予以封闭，这种饮水器使用时比较卫生，可节省喂水的工时，但需经常清洁饮水器乳头，以防结垢而漏水(图3-12)。

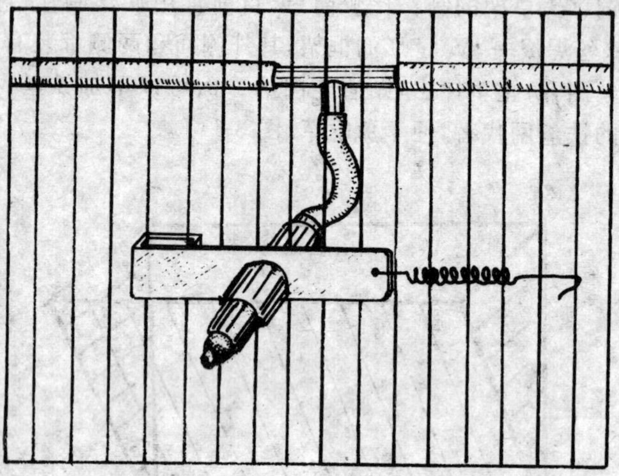

图 3-12　乳头式自动饮水器

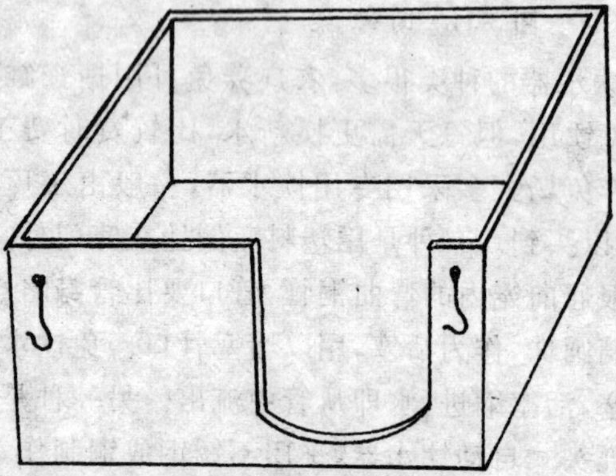

图 3-13　悬挂式产仔箱

4. 产仔箱　是母兔筑巢产仔的地方，也是断奶以前仔兔生活的地方。产仔箱分为 2 种，一种是固定式的，如悬挂式产仔箱（图 3-13）。另一种是活动式的，如平口式产仔箱（图 3-14）和月牙状缺口产仔箱（图 3-15）。

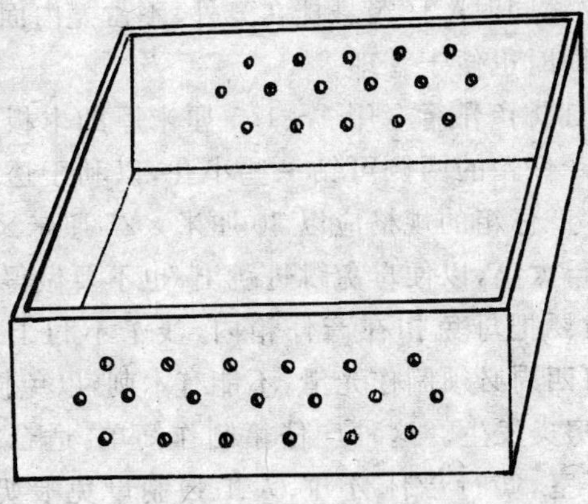

图 3-14　平口式产仔箱

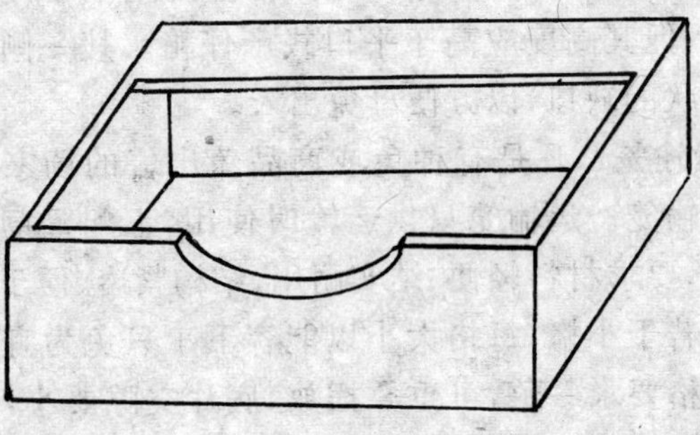

图 3-15　月牙状缺口产仔箱

(1)悬挂式产仔箱　采用保温性能好的泡沫塑料或轻质金属板制作。不喂青草、不装饲草架的养兔场,可将产仔箱悬挂在笼门上,在贴近兔笼门的一侧留 1 个大小适中的方形口,口的底部要与笼底板一样平,以便母兔出入。产仔箱上方加盖活动的盖板,可以打开,以便观察仔兔的健康状况、清理垫草、消毒等。这种产仔箱模拟洞穴环境,适于母兔产仔和喂养仔兔的需要。同时产仔箱悬挂在笼外，不占笼内面积，不影响母兔活动，同时也便于管理。

(2)平口式产仔箱 用1～1.5厘米厚的木板钉制而成。上口水平，产仔箱的两侧可钻一些小孔，以利于透气，不致使仔兔窒息。产仔箱的规格应以30厘米×25厘米×15厘米为好，不宜做得太高，以便母兔跳进跳出；也不要做得太浅，因为人工哺乳时要把母兔扣在产仔箱内，浅了不利于母兔活动。产仔箱上口四周必须制作光滑，不能有木刺，以免损伤母兔乳房，导致乳房炎发生。这种产仔箱制作简单，适合家庭养兔，冬季设产仔室，实行母仔分开、人工强制母兔喂奶的管理方法。

(3)月牙状缺口产仔箱 制作材料、制作方法与平口式产仔箱相同，但其高度应高于平口式产仔箱。其一侧壁上部留一个月牙状的缺口，以方便母兔出入。

5. 运输笼 凡是有种兔或商品兔出售的场家都必须准备一些运输笼。运输笼只供运输时使用，不配置草架、饲槽、饮水器等，要求材料轻便、结实耐用、结构紧凑、便于装卸。笼内可分成若干小格，每格大小以能容下1只兔为宜。运输笼的大小规格要求一致，可重叠摆放，底片空隙要小，以免兔腿插入被挤伤。运输笼可用竹片、柳条、金属丝或塑料制作，较为常见的是用铁丝制作的金属运输笼，长60～70厘米，宽35～40厘米，高16厘米，笼壁铁丝间距为2厘米，内分4格或5格，每格宽15厘米。它坚固耐用，透气性好，适于各种方法消毒。

第四章　良种长毛兔群的建立

长毛兔的体型大小、产毛量高低、繁殖力高低都是重要的经济性状，直接影响饲养长毛兔的效益。因此，建立具有优良经济性状的良种兔群，才能提高长毛兔的生产水平，在相同的饲养管理条件和同样的时间内，获得最高的经济效益。

一、引种繁育

引种是饲养长毛兔的第一步工作，引种的好坏直接关系到饲养长毛兔的成功与失败，特别是刚开始饲养长毛兔的场（户）必须引起高度重视。

（一）引种误区

体型大、被毛密、繁殖性能好的长毛兔能给养殖场（户）创造良好的经济效益。例如，1 只成年兔 1 天的饲养费以 0.3 元计算，73 天养毛期饲养费为 22 元，一般高产兔可以剪毛 350 克，以现行价 160 元/千克计算，售价 56 元，投入产出比为 1∶2.55；如果是中产长毛兔，73 天养毛期剪毛 250 克，以 160 元/千克计算，售价 40 元，投入产出比只有 1∶1.8。后一种品质的种兔，一旦兔毛价格降低到 80 元/千克左右，就基本没有经济效益，只能保本经营。所以，长毛兔饲养者应注意避免以下引种误区，切实做到科学引种。

1. 引种时选择价格低的种兔　长毛兔供种的价格以每千克活体 50～80 元不等，而有些引种者不去了解各种价位种兔的质量情况而首先关注价格，只想在投入一定引种费的情况下，尽量多引回一些，尽快繁殖形成种群，但往往是购进的种兔品质一般，产毛量中等，经济效益不佳，所产后代仔兔也不具备种用价值。

2. 相信虚假广告宣传 每当长毛兔兔毛售价高、种兔销售形势好的时候，就会出现一些倒卖“种兔”的商贩，他们低价位购进一些一般质量的长毛兔作为种兔出售，以高价回收兔毛和回收幼种兔为诱饵吸引饲养者去购买他们的种兔。饲养者轻信广告宣传内容，觉得有利可图，就去购买了那些低质的种兔，结果由于产毛量低，收入差，供种者又不回收繁殖出的幼兔，导致饲养者蒙受巨大的经济损失。

3. 不做市场考察，盲目引种 有的饲养者引种前并没有经过认真考察，而是看到别人养长毛兔挣钱了，自己也跟着养。种兔从附近的饲养户引进，质量一般，形势好的时候略有盈余；形势差的时候很快就会入不敷出。

正确的引种方法是在专家的指导下，经过多方考察，选定有种畜禽生产经营许可证的良种场去引种。考察时要看这个场的种兔数量，有无仔、幼兔及仔、幼兔数量的多少。如果该种兔场种兔数较多，且有繁殖的仔、幼兔，青年兔不是特别多，说明种兔是本场繁殖，可以信任；反之，如场内大都是青年兔，无成年兔或成年兔很少，仔兔和幼兔数量也不多，则该场可能是倒种的，引种时一定要小心谨慎。

（二）引种时对种兔的选择

引种时最好请有专业知识的技术人员协助挑选，对每一只个体进行充分检查。确保种兔质量优秀，是形成优良种群的关键。选择时要注意长毛兔的体型外貌、被毛及健康状况。

1. 体型外貌选择 应从以下几个方面去选择。

(1)头部 头部形状反映长毛兔的品系特征,由头部可以看出幼兔或青年兔将来的体型大小。头大者,为粗糙型,体型大,产毛量高,毛的粗毛比例较大;头型大小适中、与体躯各部位协调相称者,则为结实型,产毛量最高,毛的品质也最好;头相对较小,外观清秀,则称细致型,一般个体较小,这类长毛兔往往适应能力较差,产毛量也不高。

耳朵的大小、形状,有无耳毛或耳毛分布情况,也代表着其品系特征,不同品系不完全相同,但两耳都应该竖立,耳壳内侧呈粉红色,如有一侧下垂或两侧都下垂者,则为不健康的征兆,或有遗传缺陷。

(2)体躯 发育正常、体质健壮的长毛兔要求胸宽而深,背腰宽广、平直,臀部丰满而缓缓倾斜,肋骨开张良好,腹部充实、紧凑,富有弹性。胸窄浅、背拱起状、腰细等的个体,均不应选择。

(3)四肢 四肢应粗壮有力、肌肉发达、肢势端正。放在地上让其跳动,前肢无“划水”现象,后肢无瘫痪现象。否则,均应淘汰,不能作为种兔引进。

2. 被毛检查 被毛是否浓密,生长速度是否快,这是长毛兔重要的经济性状之一。从外形上选定一只个体后,再来检查其被毛质量。首先从外观上检查,健康的、品质优良的兔被毛应浓密、柔软、洁白、光亮、蓬松、无结块。被毛无单根毛,绝大多数毛形成一簇簇的毛簇,用口逆着毛生长方向吹开被毛,露出缝隙很小者,说明被毛密度大。否则,如缝隙明显,表明被毛稀疏,也必须淘汰。

3. 健康检查 在检查完入选种兔的外部形态、被毛密度后,应进一步检查其健康状况。把好种兔健康关也是引种中比较重要的环节，应从以下几个方面进行严格检查。

(1)鼻、眼检查 健康的兔眼睛明亮有神，不流泪、无眼屎，眼球呈粉红色；鼻黏膜湿润，没有任何鼻液或异物。如果预选兔有鼻液或结痂等，都是慢性鼻炎的表现，不能入选。

(2)消化系统检查 健康的兔食欲旺盛，按规定量添加颗粒饲料1小时后饲槽中应剩食极少或没有剩食。如果剩食量大，则可能是消化系统有潜伏的疾病。

另外，健康兔的粪便呈椭圆形，刚排出时表面光亮，一粒粒的散落笼下。如果粪粒小、干燥、一端有尖或粪粒变大、湿软，并一个个地粘连成串，说明其有消化道疾病，不能入选。如从笼底的粪便无法直接判断时，应将兔抓出进一步检查。具体方法是：检查人员一只手抓住兔的双耳和颈皮，另一只手托着兔的臀部，用托臀部的手指夹挤直肠，挤出几粒粪便，如正常即可入选。

(3)外阴部检查 健康兔外阴部周围无分泌物，其黏膜粉红湿润。如果阴部有疾患者，外阴部周围有脓性分泌物或渗出液，翻看外阴部则发现黏膜发红。

在检查外阴部时，对公兔着重查看有无睾丸、睾丸大小，是双睾还是单睾。凡是双睾且睾丸比较大，两侧睾丸大小相近，阴囊明显垂于腹壁以外的可以入选。凡睾丸小，两侧大小不一致，或单睾、隐睾的都不能入选。

(三)引种技术

1. 引种数量 长毛兔生产是有周期性的，伴随这种周期性的变化，兔毛销售价格波动也较大。因此，引种数量可以随着形势的不同而选定。如兔毛、种兔销售形势好、价格高的时期，在资金允许的情况下可以多引种，这样就能尽快达到计划的种群规模，很快见到规模效益。如兔毛和种兔的销售形势不好，就可以少引进一些，先小规模自繁自养，不断扩大规模，这样当计划规模形成时，可能就到了销售形势大好的时期。

长毛兔引种数量可大可小，少则 8～10 只母兔、2～3 只公兔，多则 100～200 只母兔、25～40 只公兔。总的原则是先少引一些，通过本场的饲养和繁殖，取得经验后，再进一步达到原计划的规模。

2. 所引种兔月龄 目前种兔一般体型较大，初配月龄在 7 月龄以上，引种时所选青年种兔应是 5 月龄左右，体重在 3～3.5 千克，引回本场以后，经 2 个月左右的饲养，种兔对新场的环境条件和饲料条件都已经适应，饲养人员对养兔的一般饲养、管理过程也已经熟悉，这时候就可初配繁殖。另外，5 月龄左右的青年兔抗病力较强，引种运输时抵抗力强，运达后体质容易恢复，死亡率低，引种成活率高。2 月龄左右的幼兔，因抗病力低，运达后体质恢复缓慢，对新环境适应性差，饲养难度大，引进后成活率低；而引进成年兔，虽然成活率高，但价格也高，利用期也比较短。

3. 引种季节 长毛兔耐冷怕热，因此引种季节最好在气温适宜的春、秋两季，最忌在夏季白天高温的情况下运输。如果引种地和供种地只有 2～3 小时的车程，且情况特殊需要夏季引种的，需要等阴天气温相对偏低时在晚上运输。运输笼内兔的密度不要过大，要相对宽松。运输车辆内也要保持通风，便于散热。中原地区、华东和南方各省在冬季引种都没有问题，只要注意运输时车的正前方和两侧都要用帆布遮好，防止汽车行驶时风直接吹在兔身上引起感冒。

4. 引种时的运输方法及注意事项 运输前先准备好运输笼，可为铁丝或竹片制成，也可以用硬纸箱代替，但必须有通气孔,透气性能良好。分格的运输笼,每格内放 1 只兔,不会挤压在一起。不分格的运输笼装兔密度以每只占 0.05～0.08 平方米为宜,切忌密度过大。运输数量大时,每只运输笼都要贴上标签,写明公母、只数、体重等,以方便途中或运达后清点数量。

运输种兔可据实际情况,选择空运、陆运、水运等方法,通常以陆运较多,运输工具为火车或汽车。不论选择哪种运输方式,引种者均应提前办理检疫证明及种兔出场证明,以备沿途各畜牧管理机构检查。

汽车运输时,如天气寒冷,应注意挡风保温;如天气炎热,应注意通风散热。运程如在 4～5 小时以内,途中不必饲喂和饮水;如果运途较长,超过 24 小时以上,途中可饲喂 2 次胡萝卜等多汁饲料,给兔体补充水分和养分。运输途中应定时检查每个兔笼,发现被挤伤、压伤的兔要及时处理,还应准备一些维修工具,如钳子、铁丝、尼龙绳等,一旦发现笼子破损可以随时维修。

种兔经过长途运输到达目的地后,由于途中缺水、缺食和应激等因素,身体比较虚弱,容易引发疾病,这时应做好特殊的饲养和管理工作。运达目的地后先在运输笼内就地休息 1 小时以上,然后再从运输笼中取出装入事先准备好的种兔笼。稍后给其饮用电解多维溶液,并每只兔添加维生素 C 30 毫克,有利于抗应激。电解多维溶液按说明书剂量使用。供水量不必太多,否则会因一路干渴而暴饮,引起臌胀。饮水后 1～2 小时再投喂饲料,投喂量也不能过多,否则会因途中饥饿而暴食,引发消化不良。第一顿应饲喂由供种场提供的饲料,以后由本场饲料逐渐替代,1 周左右完成饲料过渡工作。

另外,为使运回的种兔尽快恢复体质,防止胃肠道疾病或其他疾病发生，可在兔群饮水中添加电解多维溶液或补液盐，连饮 3 天。或在饲料中添加土霉素、复合酶、大蒜素和陈皮粉等，土霉素按饲料量 0.02％添加，大蒜素按 0.015％添加，陈皮粉按 0.5％～1％添加，复合酶按 0.2％添加，可起到预防胃肠疾病、帮助消化的作用。

二、建立良种核心群

引进良种只是建立优良种群工作的开端和基础，更重要的工作是引进良种后的选育工作。如果这方面工作做得不好，引进的良种就有可能退化。有技术力量的饲养场可以引进的良种为基础，不断进行纯种繁育，提纯复壮，使其品质在原基础上有所提高；或在原引进良种提纯复壮的基础上再引进其他良种，通过杂交选育的方法，提高本场种群的品质。

（一）长毛兔的良种选育

我国 20 世纪 80 年代从国外引进的长毛兔良种，当时只是相对生产性能较高，以后经国内业内人士不断进行杂交改良和选育工作，其后代的生产性能逐渐超过了引进的良种，所以现在国内用于生产的绝大部分种群都是我国自行培育而成的。

1. 定向培育 是指在同一品种或品系内进行繁殖，在其后代中选择优秀个体，经过一代复一代的选育，使本品系优良特性得以保持，并稳定地遗传给后代，使种群中优秀个体比例增加，整体水平提高。

(1)制订培育目标 长毛兔的培育要达到 3 个经济性状的要求，即体型大、产毛量高、繁殖力强。

①体型大　长毛兔的体型大小与产毛量有密切关系，在毛密度相近的情况下，体型大的个体产毛量就高。根据目前国内长毛兔的品质水平和参考质量标准，体型的选育方向应定为5.5～6千克。

②产毛量高　长毛兔的产毛量是最主要的经济性状，一般以年产毛量来表示。1年估测产毛量占同期体重的百分率为产毛率，长毛兔的产毛率应为25%～35%，那么，1只体重为5.5千克的个体在一般饲养管理水平下，年产毛量达到1 375克，或在良好的饲养条件下，年产毛量达到1 925克，即为优秀个体。

③繁殖力高　繁殖力高低与种兔场经济效益有密切关系。在推广良种的时候，必须能提供大量的幼兔或青年兔，不断替代低产兔群方能获得高的经济效益。繁殖性能要达到指标要求，即：配种受胎率达到80%以上；胎产仔数达到8只以上；初生窝重要达到400～600克以上。另外，还要根据本场实际情况，确定断奶仔兔重及断奶仔兔成活率等指标。

良种长毛兔从生产性能上看除了产毛量高、体型大、繁殖性能好以外，还有耐粗饲、适应性强、抗病力强等特性，这些都应在培育过程中量化。就抗病力而言，生产实践统计获悉，普通成年长毛兔发病率每年为12.3%，死亡率为5.01%，若低于这一比率的证明抗病力强。

(2)选种方法　选种即是选择种兔。就是把符合品系质量标准的个体留作种用，把不符合质量标准的个体淘汰或改作商品生产用。选择方法一般有以下2种。

①个体选择　又称个体表现选择。是根据某只种兔的某种性状或若干性状的优劣来确定留用或淘汰的方法。如体重达5.5千克、年产毛量达到1 900克以上且繁殖性能好的可

以留作种用；或者体重只有 5 千克、年产毛量却在 2 000 克左右、繁殖性能尚好的，也可以留用。

种公兔要求体质结实、粗壮、健康，毛色纯正，生殖器官正常；配种时表现性欲旺盛，精力充沛，不停地追逐母兔，兴奋性高。种母兔要求乳头 4 对以上，乳房发育良好，胎产仔数多，泌乳量大，母性好，护仔能力强。如果连续空怀 2～3 次，连续 4 胎产活仔数不超过 5 只，产前不拉毛做窝，产后护仔性能不好或泌乳量不多的不能留作种用。

②后裔选择　是通过对后代性能的评定来判断种兔遗传性能的一种选择方法，多用于公兔的选择。具体做法是选择一批外形、年龄、胎次、生产性能基本一致的母兔，在相同的饲养管理条件下，用不同的公兔配种，根据其产仔数、后代的生长发育、饲料转化率、毛皮品质等性能进行综合评定，以判断公兔的种用价值高低，决定是否留作种用。

(3)种兔的选配　选配是配种的前期工作，是有意识、有计划地选择良种公、母兔进行配种繁殖，产生优良后代。选配的目的，一是稳定优良性状；二是产生必要的变异，以便逐代提高种兔品质。这里要求做好 3 个方面的工作。

①同型选配　就是选择经济性状相同或生产性能基本一致的公、母兔配种，目的是获得与双亲相似的优秀后代。例如，选择体型大、被毛密度大的公、母兔进行交配，那么它们的后代大部分都是体型大、被毛密度大的个体，甚至有的还优于双亲，群体中这样的个体多了，群体品质就会得到提高。

②异型选配　是选择体型类型、经济性状有差异的公、母兔配种，目的是使它们的后代在体质类型或经济性状上互补，获得比较完美的后代。例如，选择体型中上等、被毛很密的种公兔与体型大、被毛密度中上等的种母兔交配，即可获得体型

大、被毛密的后代。

③亲缘选配　一般认为以5代以内有亲缘关系的种兔进行选配，即为亲缘选配；以5代以内没有亲缘关系的种兔进行选配，即为非亲缘选配。如果为了使长毛兔某些优良性状得以加强和稳定，可以采取亲缘选配的方法，一旦优良性状加强或稳定，就不再继续采用这种方法。否则代数多了会引起近交衰退。实行亲缘选配时，尽量不用3代以内有亲缘关系的公、母兔配种，以免后代近交退化现象明显。

④年龄选配　一般认为年龄与长毛兔遗传稳定性有关，即使是优良的个体，青年期和壮年期后代的品质往往不同。生产实践已经证明，壮年公兔配壮年母兔所产的后代，其生命力和生产性能较高，遗传性能比较稳定。因此，年龄选配的原则是：

壮年公兔×壮年母兔
青年公兔×壮年母兔
壮年公兔×青年母兔
老年公兔×壮年母兔
壮年公兔×老年母兔

应尽量避免老年兔配老年兔、青年兔配青年兔和老年兔与青年兔间相互交配，年龄过大或未到初配年龄的兔应严禁配种繁殖。

(4)后代的选择　后代的选择可分为初选、复选和精选，各有其不同的目标和任务。

①初选　在初生至分窝期间，要做好以下工作。一是考察种母兔的繁殖性能，如果母兔胎产仔数多、泌乳性能好，仔兔健壮，母兔母性强、护仔好，这一窝仔兔可作为选择目标。二是初选仔兔，凡是窝产仔8只以上的一窝仔兔中生长快、个

体比同窝的其他仔兔大、又很健壮的，选为种兔培养对象，个体表现一般的可以作为生产群处理。

②复选　复选分 3 个阶段进行。

第一阶段：在 60～70 日龄期间进行，这一阶段要剪头刀毛，检查头刀毛中有无结块毛，结合体重、体尺测定后分析生长发育情况。如果头刀毛中无结块毛，且生长发育良好，可以作为种兔继续培养；反之，则应及时淘汰。

第二阶段：一般在 4.5～5 月龄剪第二次毛时进行，主要是根据采毛情况进行产毛性能初选。若二刀毛剪毛量大，通常成年后产毛性能良好，年产毛量高。所以，根据二刀毛剪毛量，可以初步判定该个体的产毛性能。

第三阶段：一般在 8 月龄末第三次剪毛时进行，主要根据产毛性能、生长发育和体型外貌来复选。在实际生产中都用第三次剪毛量乘以 4，作为年产毛量的评定。

③精选　精选在 1 周岁以后进行，主要是根据体成熟配种以后的产仔情况和产毛情况进行选择。分为 2 个阶段。

第一阶段：一般在 1 周岁以后进行。因为母兔初次产仔情况不能作为繁殖性能考察的依据，从 7～8 月龄初配到 1 周岁以后已经产第二胎、第三胎了。评定母兔的繁殖性能应以 2～3 胎的受胎率、胎产仔数、仔兔成活率为考察依据，繁殖性能差或有恶癖的要坚决予以淘汰。

第二阶段：当种兔的后代已经有生产记录时，再根据后代的生产性能，对种兔进行遗传性能鉴定。

2. 杂交选育　如果对已有的种群品质不够满意，还想培育出更优良的种群，可以以原有的种兔为基础，再引进其他地方良种中的优秀个体与本场的优秀种兔进行杂交，目的是把 2 个或 2 个以上的良种群（地方品系）不同优良性状的遗传性组合在一起。然后通过横交固定，把不同品种或品系的优良性状在其杂交后代中固定下来。

杂交选育要想获得成功，必须精心选择杂交的亲本。选择时要注意，必须达到使公、母双方优良性状综合在一起的目的。而且注意不能体现亲本具有的不良、甚至有害的性状，同时要对性状的遗传特点、基因特点有尽可能多的了解，以便掌握后代可能出现的遗传现象。目前常用的杂交方式有以下 2 种。

(1)以培育新品系为目的杂交 首先制订新品系的培育目标，再选择 2 个或 2 个以上的品系进行杂交。杂交产生的第一代已经把 2 个品种不同的遗传性状综合在一起，但这种优良性状的基因还是杂合的、不稳定的。杂交后代需要进行横交固定，使基因发生分离和重组，形成有相当变异幅度的后代。然后根据新品系培育目标进行严格选择和大量淘汰，选择出来优良的个体再进行必要的横交，使优良性状基因的纯合性增加，经过几代的培育，逐步得到具有更优良性状的新品系。

(2)以改良现有种群品质为目的杂交 这种杂交方法也称“级进杂交”。目的是把引进的优良个体的优良性状，引入到品质相对较差的种群个体中去，以提高原有种群的品质。例如，A 种群生产性能很高，特别是年产毛率为 35%以上，达到国内领先水平；而 B 种群的生产性能也较好，体重平均在 5.5 千克，只是产毛率为 25%左右。如果能把 B 种群成年兔产毛率提到 35%，那么年产毛量会大大提高，经济效益也相应提高。这种情况可以采用“级进”杂交的方法，从 A 种群中选择个体大、产毛率在 35%以上的种公兔，与本场种兔群的母兔进行杂交，从产生的杂交 1 代兔中选择体型大、产毛率比母体亲本有所提高的母兔作为母本，再与A群的优秀种公兔（但不是其父亲）回交，从产生的杂交2代中再选择优秀母兔与A种群中另外的优秀种公兔回交，经过5代的杂交选择，第六代兔体内就有A群种公兔96.875%的高产毛率基因。因此，B群中优秀个体产毛率已接近A群，产毛率可由原来的25%提高到接近35%的水平。

在级进杂交过程中，第一代效果最明显，杂交1代体内将有50%高产毛率的遗传物质，在此基础上杂交2代增加25%，达到75%；杂交3代增加12.5%，达到87.5%；杂交4代增加6.25%，达到93.75%；杂交5代增加3.125%，达到96.875%。

（二）良种长毛兔的质量标准

目前我国还没有国家或地方质量技术监督局颁布的长毛兔质量标准，从生产性能方面考虑，优秀的种兔应具有以下几方面特征。

1. 体型大 长毛兔产毛量的高低与体型大小有密切的关系。长毛兔年产毛量为体重的25%就算是优良个体，较为突出的优秀个体年产毛率可以达到35%～40%，超过40%的个体极为罕见。一般体重在5～5.5千克的个体，毛密度大，91天养毛期剪毛量达到500～550克即为优秀个体。

2. 产毛量高 产毛量是长毛兔的主要经济性状，是评价种兔品质的重要依据。德国统一以6～9月龄的产毛量乘以4计算个体的年产毛量，我国则以91天养毛期的剪毛量乘以4或73天养毛期剪毛量乘以5来计算个体的年产毛量。虽然季节不同、饲料营养水平不同都会影响兔毛的生长速度，但差距不会很大。

兔毛产量取决于兔被毛密度，被毛密度以毛遮盖皮肤的程度来衡量。通常用口吹长毛兔的被毛，形成的碟形窝、底部不露皮肤者为最密。

兔毛的长度则是以自然长度来衡量的。据测定，在一般营养水平条件下，优良长毛兔每昼夜兔毛生长的长度为0.7～0.8毫米；气候适宜，且饲养管理水平高，毛的生长会快一些，但每昼夜也不会超过0.9毫米，因此91天养毛期毛长普遍在7～8厘米之间。剪毛时要求毛长不能短于5厘米。

毛的均匀度主要是指兔身体各部位的绒毛密度一致，不能腹部毛密而短，背部毛稀而长。

兔毛有3种类型，即粗毛、细毛、两型毛。德系长毛兔细毛含量达91%～95%，粗毛含量5.4%～6.1%；法系长毛兔粗毛含量达15%左右。被毛结构主要是指这3种毛纤维比例适当，无缠结现象。

3. 适应性强 包括对环境条件的适应性和对饲料条件的适应性。就我国引进的种兔品系来说，普遍反映德系兔较难养，耐热性差，公兔夏季不育比较明显；对饲料营养水平要求较高，不耐粗饲。法系长毛兔的耐热性及对饲料适应性较强，对饲料的利用转化率高。因此，国内大型长毛兔饲养场应利用国外良种，经杂交选育，培育出适合本地环境条件和饲料条件的优良种群。

4. 繁殖力强 繁殖力也是长毛兔的一个重要经济性状。当一个优良的种兔群需要扩群、推广的时候，需要大量后代，而繁殖力强的种群推广速度就比较快，种兔场也能获得较好的经济效益。通常体型大的品系繁殖力偏低，体型小的品系繁殖力偏高。如果能选育出体型大、繁殖力又强的种群，那便是最理想的种兔群了。繁殖力包括以下几个方面的指标。

(1)受胎率 即发情母兔受配后的妊娠率。是受配后妊娠母兔数占参加配种母兔数的百分率。计算方法如下：

$$受胎率=\frac{妊娠母兔数}{参与配种母兔数}\times 100\%$$

(2)产仔率 即产仔母兔数占受配母兔数的百分率。计算方法如下：

$$产仔率=\frac{产仔母兔数}{受配母兔数}\times 100\%$$

(3)胎产仔数 是指母兔每胎实际产仔数，包括活仔数、死胎数和畸形仔兔数等，在一定程度上体现了母兔的繁殖潜力。从生产角度讲，母兔的产仔能力以产下的活仔兔数来表示。

(4)仔兔初生窝重 反映初生仔兔的大小。生产实践证明，初生重超过 50 克的仔兔成活率高，初生重低于 40 克的仔兔成活率低。而初生重低于 35 克的仔兔成活率极低，应当即淘汰，省下乳汁哺育其他仔兔，有利于同窝其他仔兔的生长发育。母兔应在完全体成熟时配种，这样初生仔兔窝重就比较大，而没有达到体成熟就过早的配种，不仅空怀率高，而且流产率也高，足月产下的仔兔初生窝重小，死胎、弱仔率均高，得不偿失。

(5)断奶仔窝重 指断奶整窝仔兔的重量。这一数据的意义一方面反映母兔的营养状况和泌乳能力，另一方面反映仔兔的健康状况和生长情况，是反映母兔哺育仔兔性能的总指标。

(6)仔兔成活率 是指断奶时仔兔成活数占初生时仔兔成活数的比率。计算方法如下：

$$仔兔成活率=\frac{断奶活仔兔数}{初生活仔兔数}\times 100\%$$

5. 遗传性稳定 长毛兔饲养者不但希望当代种兔生产性能好，能把优良的性状遗传给后代，而且希望这些性状一代一代往下遗传时会很稳定，特别是与养兔收益有关的经济性状。

经过长期研究和测定，长毛兔主要性状遗传力见表 4-1。

表 4-1 长毛兔主要性状遗传力

性 状	遗传力	等 级	性 状	遗传力	等 级
产活仔数	0.118	低	成年兔体重	0.251	中
初生窝重	0.193	低	成年兔体长	0.327	中
1 月龄体重	0.133	低	成年兔胸围	0.345	中
6 月龄体重	0.267	中	年产毛量	0.538	高
6 月龄体长	0.380	中	产毛率	0.448	高
6 月龄胸围	0.354	中	块毛率	0.551	高

从理论上讲遗传力值的范围在 0～1 之间。对于长毛兔来讲，凡遗传力值小于 0.2 的性状，都为低遗传力的性状；大于 0.4 的，都为高遗传力的性状；0.2～0.4 之间为中遗传力的性状。由表 4-1 不难看出，长毛兔繁殖力遗传力较低，产毛量遗传力较高。

现阶段各种兔场选育中系安哥拉兔种群质量的评定可参考以下标准。

体重：成年兔（1 周岁）公、母兔平均每只体重大于 4.5 千克。

体型：体躯长，四肢粗壮，头方长，耳宽大，有全耳毛、耳尖一撮毛之分，眼珠呈粉红色，体长大于 50 厘米，胸围大于 35 厘米。

毛色:纯白色。

毛质:蓬松无缠结、无污染、无杂色,粗毛含量13%以下,绒毛细度14微米左右。

产毛量:产毛率在35%左右,年产量不低于1 500克。

料毛比:42∶1。

种公兔:符合本品系的外貌特征(毛色、头型、耳型),无遗传缺陷,体质健壮,精神旺盛,两睾丸对称、匀称、发育良好,外生殖器洁净、无感染,肛门周围无粪便,鼻孔无黏液、无异物。

种母兔:符合本品系外貌特征要求,无遗传缺陷,胸宽、腹平、背直,乳头4～5对、排列整齐,外阴部洁净、无异形异物,行动敏捷,食欲旺盛,繁殖性能好。

健康状况:食欲正常,精神旺盛,被毛洁白、有光泽,无皮肤病、脱毛症,粪球圆滑、呈微黄色。

档案资料:每只种兔都应有详细的配种和繁殖记录,仔兔应有生长发育、防疫接种记录等相关谱系的档案资料。

(三)长毛兔的质量检测方法

1. 估算产毛量 以91天单只产毛量乘以4或73天单只产毛量乘以5来计算年产毛量。

2. 称体重 用10±0.5千克的台秤称重。

3. 测体尺 用100厘米长并有毫米刻度的软尺测量。

4. 外貌 健康状况由目测、触摸来评定。

5. 繁殖性能 检查档案资料。

测定产毛量时,需在正式测量91天前,将待测个体的毛全部剪掉,并称其体重,用特制的耳号钳重新打耳号,记录在册,以备正式测定时查验。

(四)长毛兔的质量评定方法

1. 各项标准评分 按标准规定的项目逐只进行全面检查,总分为100分。其中产毛量满分为30分,产毛率满分为10分,外貌特征满分为10分,体型体重满分为15分,繁殖性能满分为15分,健康状况满分为10分,档案资料满分为10分。

2. 判定等级 总分在60分以下判定为不合格;总分在60～75分者,判为二级种兔;总分在76～85分者,判为一级种兔;总分在85分以上者判为特级种兔。

3. 不合格种兔的判定标准 外貌特征与本品系标准不符合者、有生理或遗传缺陷的,如隐睾、单睾、象牙、眼珠外突、草腹、乳头少于4对等,凡符合其中任意一项的,均判为不合格。

第五章　长毛兔的繁殖特性与繁殖技术

一、长毛兔生殖系统的解剖特征及功能

（一）公兔生殖系统的解剖特征及功能

公兔的生殖系统主要包括睾丸、附睾、输精管、副性腺、阴茎和阴囊（图 5-1）。

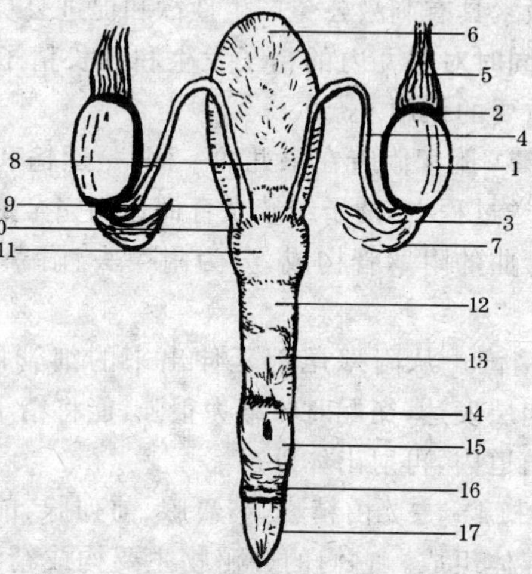

图 5-1　公兔的生殖系统

1. 睾丸　2. 附睾头　3. 附睾尾　4. 输精管　5. 静脉丛　6. 膀胱　7. 睾外提肌　8. 尿生殖道系膜　9. 输精管膨大部　10. 前列旁腺　11. 精囊　12. 精囊腺　13. 前列腺　14. 尿道球腺　15. 球海绵体　16. 包皮　17. 阴茎

1. 睾丸 是产生精子和分泌雄性激素的器官，因此又称性腺。睾丸位于两后腿根部之间，呈卵圆形，长 2.5～3 厘米，宽 1.2～1.4 厘米，重 6 克左右。

睾丸的位置和大小因年龄而有所区别。在性成熟以前，睾丸位于腹腔内，附在腹壁上；接近性成熟时，睾丸沿腹股沟管降于阴囊内。因此，1～2 月龄的仔、幼兔睾丸停留在腹股沟管内，在体表不易摸到，也没有形成明显的阴囊。大约 2.5 月龄以后，开始出现阴囊，通常成年公兔的睾丸位于阴囊腔内，但因家兔腹股沟管宽而短，并且终生不封闭，因此睾丸可自由地通过腹股沟管回移到腹腔去。

睾丸有 2 方面的功能，一是产生精子，二是分泌雄性激素。雄性激素具有刺激公兔产生性欲和促进公兔第二性征发育的功能，同时对睾丸内的精子发生和延长精子在附睾内的寿命也有重要的作用。

2. 附睾 附睾附着在睾丸的一侧，是运输和贮存精子的地方，在运送过程中，精子继续发育而达到完全成熟。附睾主要由长而弯曲的附睾管构成，分为附睾头、附睾体、附睾尾 3 部分。

3. 输精管 从附睾尾部延伸出来的细管即为输精管。输精管肌肉层发达，交配时收缩力很强，能将精子从附睾尾排送到尿生殖道内，再射出体外。

4. 副性腺 主要由精囊、精囊腺、前列腺、前列旁腺和尿道球腺等腺体组成。它们的分泌物主要构成精清，具有以下几方面作用。①稀释浓稠的精液利于精子游动；②为精子补充养分；③冲洗尿生殖道中残留的尿液；④形成阴道栓，堵住子宫颈口，防止精液倒流；⑤刺激母兔阴道和子宫收缩，使精子尽快通过阴道和子宫进入输卵管，达到受精的目的。

5. 阴茎　是公兔的交配器官和排尿器官，主要由海绵体构成。阴茎在非兴奋状态时长 25 毫米左右，性兴奋勃起时可达 40～50 毫米。阴茎整体呈圆柱状，前端游离部分稍弯曲，交配时不形成明显的膨大龟头。

6. 阴囊　公兔有 1 对阴囊，位于腹部的后方、肛门前两侧。阴囊的功能主要是容纳保护睾丸和附睾，并调节睾丸内的温度，以保证睾丸能产生正常精子。

（二）母兔生殖系统的解剖特征及功能

母兔的生殖系统主要包括卵巢、输卵管、子宫、阴道和外生殖器（图 5-2）。

1. 卵巢　是产生卵子和雌性激素的器官。正常的母兔有 2 个卵巢，在体内左右两侧，位置对称。成年母兔的卵巢呈淡红色，形状为稍长的长圆形，位于肾脏后方的第五腰椎横突附近的体壁上。

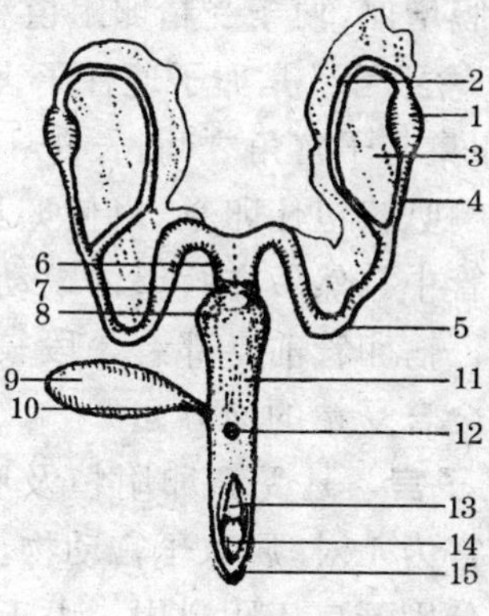

图 5-2　母兔的生殖系统

1. 卵巢　2. 输卵管　3. 卵巢囊　4. 卵巢韧带　5. 子宫　6. 子宫颈　7. 子宫颈隔膜　8. 子宫颈口　9. 膀胱　10. 输尿管　11. 阴道　12. 输尿管口　13. 阴道前庭　14. 阴蒂　15. 阴门

卵巢的形状和大小依年龄和性发育情况而不同。幼龄母兔的卵巢表面平滑，体积小。成年母兔的卵巢较大，长 1～1.7 厘米，宽 0.5～0.7 厘米，重 0.3～0.5 克。表面有透明的小圆泡状突起，即为成熟卵泡。妊娠母兔卵巢表面可看到暗色小丘，即为黄体。

卵巢由皮质层和髓质层构成。皮质层是产生卵子的主要部位，髓质层的功能是通过其中丰富的血管，为卵泡发育提供丰富的营养物质。卵泡内充满卵泡液，其中含有由卵泡上皮细胞分泌的动情素，动情素不仅能促进雌性器官的发育及第二性征的出现，而且通过血液循环作用于大脑皮质，刺激母兔大脑性活动中枢，从而引起一系列发情表现。当母兔所排卵子受精以后，原卵泡处形成黄体。黄体细胞分泌孕酮，使母兔子宫黏膜增厚，便于受精卵附植和胚胎在子宫内顺利发育。

2. 输卵管 是卵子通往子宫的管道，也是卵子受精的部位，在卵巢与子宫角之间，长 9～15 厘米。输卵管靠近卵巢的一端呈喇叭状包住卵巢，以使卵巢内排出的卵子能顺利地落入输卵管中。然后在管壁的蠕动下，卵子沿输卵管向子宫方向运动。输卵管前半部有一段较粗的部位叫壶腹部，是卵子与精子会合受精的地方。

3. 子宫 是受精卵附植及胚胎生长发育的地方。长毛兔的子宫为 1 对，属双子宫动物。子宫的一端与输卵管连接，另一端分别开口于阴道内。由于长毛兔的左右子宫全长都是单独分离的，因此没有子宫角和子宫体之分。

4. 阴道 母兔的阴道是交配器官，也是胎儿产出的产道。子宫颈口到阴门裂之间全长 6～8 厘米，从子宫颈口到阴瓣之间叫阴道，从阴瓣到阴门裂之间为阴道前庭。尿道开口于前庭壁上。所以，阴道前庭除与阴道功能相同外，又是尿液排出的通道。

5. 外生殖器 包括阴门、阴唇和阴蒂。阴道末端的开口处叫阴门，阴门两侧突起形成阴唇，在左右阴唇的前联合处有

1个小突起叫阴蒂。兔的阴蒂较大，含有丰富的感觉神经末梢，具有与公兔阴茎海绵体相似的勃起组织。

二、长毛兔的繁殖特性

（一）繁殖力强

长毛兔是多胎多仔动物，繁殖力强，一年四季均可以发情交配、妊娠产仔，其中春、秋二季气温适宜的时期繁殖性能最好。

长毛兔的妊娠期短，只有28～32天，平均30天，产后不久即可配种受胎；性成熟早，3月龄公兔即能产生成熟的精子，有配种能力；3月龄母兔能产生成熟的卵子，接受公兔的交配和妊娠；7～8月龄母兔，就可以产第一胎仔兔，表现为极强的繁殖力。

（二）刺激排卵

长毛兔在性成熟后，卵巢上发育成熟的卵泡，没有公兔的交配刺激，卵泡不会破裂，卵子不能自行排出而被机体吸收，这种现象称为刺激排卵。根据刺激排卵的特性，对发情尚没有达到旺期的母兔，用性欲很强的公兔，采用人工辅助强制交配的方法，也能使母兔受配和妊娠。

（三）假孕现象

有的母兔受到性刺激后排卵但未受精、或受精后胚泡未附植在子宫黏膜上，这时的母兔拒绝公兔再爬跨交配，腹部渐大，乳房膨胀，后期也有衔草絮窝的现象，可到了预产期不见产仔也未见流产，这种现象称假孕现象。假孕现象持续时间一般为16～18天，由于没有胎盘，黄体逐渐消失，孕酮分泌量减少，从而使假孕终止。

（四）双子宫与阴道射精

长毛兔的子宫是原始的双子宫型，无明显的子宫体，2个子宫颈口均开口于阴道内，有利于分娩产仔，缩短产程。长毛兔母兔的阴道长而公兔的阴茎短，这种奇特的生殖器官结构，决定了公兔射精的位置在阴道。长毛兔子宫颈中间有隔膜，在自然交配的情况下，不会影响双子宫受胎，但在进行人工授精时，输精管不能插得过深，以免插入一侧子宫颈口，造成只有一侧子宫妊娠的现象。

（五）公兔夏季不育现象

长毛兔对外界环境温度反应极为敏感，当外界温度高于32℃时，会导致公兔体重减轻，性欲下降，射精量减少，精子密度降低，死精和畸形精子数增加，从而引起配种困难，繁殖力下降，此种现象称为公兔夏季不育。

三、长毛兔的繁殖生理

长毛兔的繁殖生理特点是性成熟较早，繁殖力较强，发情征候不明显。

（一）性成熟、初配年龄和使用年限

1. 性成熟 仔兔出生后随着月龄的增加，身体不停的生长、发育，生殖系统各器官也逐渐发育直至完善。一般来说，

只要公兔睾丸能产生成熟的精子，母兔卵巢能产生成熟的卵子，公、母兔交配则能受精、妊娠和完成胚胎发育过程，这时的公、母兔就已达到了性成熟。

长毛兔的性成熟随品系、性别、营养、季节和遗传等因素的不同而有所差异。例如，大体型的德系安哥拉兔性成熟期为 4～5 月龄，小体型的中系安哥拉兔性成熟期为 3～4 月龄。目前国内培育的良种群体型都比较大，性成熟期都在 4～5 月龄。一般母兔的性成熟期早于公兔，同品系的母兔性成熟要比公兔提前 1 个月左右。同品系的兔营养条件与体况好的要比营养条件与体况差的性成熟提前 15～20 天。早春出生的仔兔随着气温升高、日照时数变长性腺发育好，性成熟要比晚秋和冬季生的仔兔早 1 个月左右。在饲养管理、营养水平与其他条件相同的情况下，杂种兔性成熟年龄比纯种兔早 15～30 天。

2. 初配年龄 公、母兔达到性成熟后，虽已有生殖能力，但还不宜配种繁殖，因为长毛兔的性成熟和体成熟不是同步的，性成熟早而体成熟滞后，种用的公、母兔都必须在体成熟基本完成以后方能初配，否则过早配种繁殖不仅会影响公、母兔的自身生长发育，而且配种后受胎率低，产仔数少，仔兔出生体重轻，成活率低。初配年龄应根据体重和月龄来确定，在正常饲养管理条件下，公、母兔体重达到该品系标准体重的 70%时，即已达到体成熟，可以开始配种繁殖。比较适宜的初配年龄，一般大体型品系的种母兔在 7～8 月龄，体重在 3.5 千克以上；种公兔 8～9 月龄，体重在 4 千克以上。

3. 使用年限 长毛兔性成熟早但寿命短，一般寿命 7～8 年，因此使用年限应为 3～4 年。如果体质好、饲养管理条件好，使用年限可以延长 0.5～1 年。过于衰老的种兔因性功能减退，所产仔兔体质弱，死亡率要高。据生产实践验证，老年种公兔与老年种母兔交配其胚胎死亡率达30%左右；老年种公兔与中、青年母兔配种的受胎率低于2岁种公兔的配种受胎率。所以，种兔群应以1～3年的兔为主体，留足后备种兔，及时淘汰老龄种兔，补充1岁以上的种兔，才能提高种兔群的繁殖力。

为了延长种公兔的使用年限，对种公兔的使用要合理。若1只种公兔每天安排2次配种，连用3天就要让其休息1天；如果1只种公兔每天安排配种1次，连续用5天也要安排其休息2天。同时种公兔饲料中的粗蛋白质含量不能低于17%，以利于提高精液品质。因此，种公兔不能留得太少，否则会影响种兔群的繁殖力。

（二）发情与发情表现

母兔性成熟后卵巢内不同发育阶段的卵泡逐渐成熟，卵泡液中含有的动情素经过血液循环作用于大脑活动中枢，引起母兔生殖器官的变化和性欲，即出现发情行为。母兔发情与其他家畜不同，其特殊性表现在：一是发情周期不固定；二是发情无季节性。

母兔的发情表现主要包括以下2方面的变化。

一是行为上的变化。母兔发情时，表现不安、兴奋、食欲减退，常以前肢扒笼、箱，后肢“顿足”，频频排尿。性欲旺盛的母兔会爬跨其他母兔，与公兔混笼后会主动接近公兔，有的爬跨公兔或向公兔身上撒尿。当公兔追逐爬跨该母兔时，其前肢趴伏，后肢直立，臀部抬起做出接受交配的姿势。当饲养人员用手在背部由前到后抚摸发情母兔身体时，其表现温驯，趴伏不动。

二是生殖系统器质性的变化。母兔发情时产生的雌性激素，会导致其生殖器官发生器质性的变化。如子宫黏膜增厚、阴道细胞分泌黏液等。

在发情前期，母兔外阴部出现肿胀，阴部毛向外分开，翻看阴道时发现阴道黏膜粉红湿润。此时要进一步观察，以免错过适配时机。进入发情前期的母兔再过1～2天，即进入发情旺期。此时母兔的外阴部肿胀程度开始减退，阴唇上有细微的皱纹，阴道黏膜由粉红变为大红偏紫色，阴道中常流出少量的黏液，这一阶段将持续2～3天，是适配时期，此时配种的受胎率最高。随后进入发情后期，母兔外阴部肿胀消失，翻看阴道黏膜变为紫色，阴道中不再有黏液流出，湿润程度减轻。

（三）发情周期

2次发情间隔的时间称发情周期。母兔发情周期为8～15天。发情期持续期为2～3天，休情期为6～12天。休情期长短与母兔体质有关，饲养管理好、母兔体质健壮的，休情期就短；饲养管理不良、母兔体质差的，休情期就长，甚至不发情。

（四）产后发情

其他家畜产后不会马上发情，只有在断奶后经过体质恢复，到下一个发情期才会发情。而长毛兔不然，母兔在产仔后第二天就能发情，配种也能妊娠，使泌乳与妊娠同时进行。利用母兔这一繁殖特性，在母兔产仔的第二天就给其配种，这种配种方法称血配，这种繁殖方式称频密繁殖。母兔产后15天左右也有一次发情，血配没有妊娠的可以在这一次发情时再配种，这种繁殖方式称半频密繁殖。

（五）隐性发情

母兔发情首先是卵巢上有一批卵泡成熟，卵泡液中雌性激素促使其生殖器官发生变化和行为的变化。但有少数母兔卵巢上有卵泡成熟，外阴部变化不十分明显，也无发情行为表现，但如果根据时间推算给母兔配种，母兔也能妊娠、产仔，这种现象称母兔的隐性发情。

（六）季节对长毛兔繁殖力的影响与合理安排繁殖计划

长毛兔的繁殖没有季节性，一年四季都能繁殖，但是季节对长毛兔的繁殖有一定影响。因此，应根据季节的影响合理安排生产计划。

1. 季节对长毛兔繁殖力的影响 春、秋季气候温和，气温适宜，青绿饲料丰富、充足，公兔性欲旺盛、精液品质好；母兔发情比较集中、发情旺盛、发情周期较短，发情母兔受胎率较高，胎产仔数多。据资料显示，3～5 月份母兔的发情率高达 80%～90%，发情期配种受胎率高达 85%～90%；9～11 月份母兔发情率为 75%～80%，发情期配种受配率高达 80%～85%；春季胎产仔数达 7～8 只，秋季的胎产仔数达5～7 只。

夏季天气炎热，尤其在沿海各省高温、高湿的条件下，长毛兔食欲减退、体质弱。种公兔性欲减退，精液品质下降；配种母兔受胎率低、胎产仔数少。据生产统计资料，6～8 月份母兔发情率只有 20%～40%，受配母兔受胎率只有 10%～30%，每胎产仔数只有 2～5 只，仔兔成活率也比较低。但通过改善长毛兔的生活环境，如利用空调降低兔舍温度，或利用防空洞或自然涵洞，修建地下式兔舍，只要夏季兔舍温度控制在25℃～28℃，即可保证长毛兔的正常繁殖。

冬季气温低，青绿饲料缺乏，饲料中容易缺乏维生素和微量元素，母兔往往体质差，配种受胎率低。分娩时如保暖设施差、护理不到位，很容易使仔兔因受冻而死亡。据生产统计资料，12月份至翌年2月份，母兔的发情率为60%～70%，受配母兔受胎率为50%～60%，产仔率为60%～70%。为提高冬季长毛兔的繁殖力，可采用保温或加温的方法，使种母兔舍温度保持在10℃左右；另设产仔和仔兔培育室，温度控制在20℃左右。另外，母兔产仔后实行“母子分离”的饲养方法，也能提高仔兔成活率。

2. 合理安排繁殖计划 目前养兔业发达国家多采用“兔舍工厂化、营养标准化、饲料颗粒化、种兔优良化”的四化形式养兔，保证种兔常年生活在20℃～25℃的环境中，饲料营养全面，使种兔常年繁殖，仔、幼兔生长发育快、发病率低，成活率高。

我国目前饲养长毛兔还达不到国外的四化要求，必须因地制宜根据实际条件安排生产。一般来讲每年在8月中旬配种开始，9月中下旬产第一批仔兔；10月上中旬第二批母兔开始配种，11月上中旬产第二批仔兔；在保温或加温的条件下，12月中旬配第三批母兔，翌年1月份产第三批仔兔；翌年春季再安排繁殖2胎。这样可保证全年繁殖5胎，在良好的饲养管理条件下，全年育成青年兔25～30只。中原地区繁殖计划可参考表5-1。

表 5-1　河南省台前县良种长毛兔繁育总场的年度配种计划

胎　次	配种日期	分娩日期	断奶日期
1	8月15日	9月14日	10月20日
2	10月25日	11月24日	12月30日
3	翌年1月10日	2月9日	3月14日
4	3月20日	4月19日	5月24日
5	5月29日	6月28日	8月3日

四、长毛兔的繁殖技术

(一)繁殖误区

在长毛兔生产的周期性变化下，一些生产经营者为了尽快繁殖仔兔，往往走进繁殖误区，表现为以下几个方面。

1. 早配　长毛兔的性成熟早于体成熟。小体型品系的兔3～4月龄就达到性成熟，而6月龄才接近体成熟；大体型品系的兔4～5月龄达到性成熟，8月龄时才接近体成熟。有些刚引种的养殖场、户为了在种兔销售形势好的时候，早繁殖早出售种兔，不到配种月龄就使种兔提早配种繁殖，结果因种兔营养水平和身体状况满足不了自身和胎儿生长发育的需要，造成妊娠母兔大量流产，或产下死胎、弱仔，母兔产后无乳或乳汁不足等情况，这样不但没有达到预期目的，反而使种兔身体受到损失，推迟了繁殖期。

2. 连续血配　在母兔产仔后2天内进行交配，使哺乳与妊娠同时进行，使母兔在单位时间内生产出最多后代的繁殖方法即为血配。这种方法虽然可以迅速地繁殖后代,但不能连续使用,因为在血配时由于母兔吸收的营养物质一要维持自身的新陈代谢,二要产生乳汁哺育仔兔,三要供给胎儿生长的需要,而通常在一般饲养条件下,母兔吸收的营养物质满足不了这3方面的需求,导致母兔体质消耗过大,身体衰竭,乳汁分泌不足;哺乳仔兔由于营养缺乏而体质弱、生长缓慢、死亡率高;所怀的胎儿生长发育缓慢,出生后体弱,成活率也低。

3. 公兔负担过重 理论上1只种公兔可以负担8～10只母兔的配种任务,但实际上1只种公兔承担10只母兔的配种任务时,如实行复配,那么这只种公兔就要每天连续配种2次。如此长期频繁地使用,种公兔会因体质消耗过大而导致性欲减退、精液品质下降,受配母兔空怀率高,失去种用价值。

(二)配种方法及注意事项

对发情母兔的配种方法有3种,即自然交配、人工辅助交配和人工授精。3种方法各有优点,应根据母兔的具体情况,采用不同的方法。正确的配种技术和配种方法是提高长毛兔繁殖性能的重要措施之一。

1. 配种前的准备工作 要想获得理想的繁殖效果,长毛兔配种前要做好以下准备工作。

(1)种公兔健康检查和精液品质检查 配种前对种公兔的健康应进行严格的检查,对于体质弱、性欲不强、患有疾病的一律淘汰。对确定参与配种的种公兔在配种前进行1次精液品质检查,对射精量少、精子密度低、活力低、畸形率高的种公兔再次进行淘汰。只有那些身体健康、性欲旺盛、精液品质良好的种公兔方能参与配种。

(2)编制配种计划和安排配种时间 配种前根据选种选

配的要求，编制出配种计划，避免3代以内有亲缘关系的种兔近亲交配；避免青年公兔与青年母兔、青年公兔与老年母兔、老年公兔与老年母兔等不良交配组合；有计划地使用好良种公兔。

近期研究发现，兔在21时至23时配种受胎率较高，而且在这一时间内配种，母兔大多在白天分娩，便于饲养人员进行护理，降低仔兔死亡率。因此，第一次配种应安排在16时至18时，复配应安排在21时至23时。

(3)检修笼舍，搞好笼舍卫生 配种前应检修好兔笼，特别是笼底板，防止配种时损伤种公兔。笼内的粪便、污物都要进行清理，搞好清洁卫生工作。配种时要将母兔放进公兔笼，以便公兔集中精力完成配种任务。因此，配种前公兔笼要经消毒后方可放入母兔，饲料槽、水盆都要尽量移出笼外。

(4)进行1次剪毛 公兔和母兔在配种以前最好进行1次剪毛，有利于顺利配种和提高受胎率。如果不到剪毛时间，可以不全身剪毛，只把公、母兔生殖器周围的毛剪去即可。

(5)调整种母兔体况 受胎率高低、胎产仔数多少与种母兔的体况有关。种母兔过肥，受胎率低，胎产仔数也少；种母兔过瘦，子宫黏膜薄，营养不足，胚泡难以附植，受胎率低，胎产仔数也少。所以，在配种前要注意调整种母兔的体况，对偏瘦的母兔要加强营养，除饲料中增加一些蛋白质饲料外，还要给母兔加喂一些优质牧草；对过肥的母兔要减少精饲料喂量，配种时能达到中等体况即可。

(6)做好配种记录 配种前应设计准备各种配种记录表(表5-2，表5-3)，以便配种后及时做好配种、产仔等的记录工作。

表 5-2　种母兔配种繁殖登记表

耳号	胎次	配种日期	与配公兔		分娩			断奶			留种	
			耳号	品系	日期	产仔数	活仔数	日期	只数	体重	耳号	体重

表 5-3　种公兔配种繁殖登记表

耳号	日期	与配母兔			产仔		断奶		
		品系	耳号	是否妊娠	总数	体重	日期	只数	体重

2. 对不发情种母兔进行催情　有些母兔因多种原因长期不发情，拒绝配种，长期下去会严重影响兔群的繁殖力。对长期不发情或处于乏情期的母兔，可在准备配种之前进行人工催情。具体方法有以下几种。

(1)普通药物催情　对长期不发情或乏情的母兔可在饲料中添加维生素 A，每天每只 1 500～2 000 单位，维生素 E 每天每只 10 毫克，连喂 10～15 天；或用中药治疗，取当归

15%，党参10%，淫羊藿15%，阳起石15%，巴戟天10%，狗脊10%，白术10%，炙甘草5%，混合晒干，加工成粉，每天每只母兔饲料中添加15克左右。另外，目前市场上出售的用于猪、牛、羊等家畜催情的“促孕一剂灵”也可以在长毛兔繁殖中应用，每天每只15克，连用7天可收到明显的效果。

(2)性激素催情　先注射孕马血清促性腺激素(PMSG)250单位/只，3天左右即开始发情，此时再注射人绒毛膜促性腺激素(HCG)200单位/只，注射后95%的母兔都能发情，接受配种并妊娠。

(3)异性刺激催情　对长期不发情或发情不正常的母兔，将其放入公兔笼内，让公兔对其追逐、爬跨，1小时左右将母兔放回原笼，经过几次处理后，母兔可能发情。或把母兔与公兔放在相邻的铁丝笼里饲养，利用公兔身上释放出来的特殊气味，促进母兔发情。

(4)按摩催情　饲养员一只手提起母兔的后肢，另一只手的拇指轻轻按摩母兔的外阴部，每次5分钟左右，一天按摩几次，直到手摸母兔背时母兔自觉抬起臀部，尾巴偏向一侧，说明催情成功，立即将母兔放入公兔笼中配种。

(5)碘酊催情　用2%的医用碘酊涂擦母兔外阴部，可以刺激母兔出现发情征候，有效率达70%以上，配种受胎率可达70%～80%。

(6)光照催情　在光照时间比较短的季节里，有的饲养场(户)由于不能及时补光或补光不规律，造成母兔不发情或发情不规律。只要坚持每天使兔舍的光照时间达到14～16小时，补光时达到每平方米兔舍3～4瓦，具有良好的催情效果。

(7)剪毛催情　配种前进行1次剪毛也有催情效果。一般剪毛后2～3天母兔即可发情，受胎率可达75%～80%。

3. 自然交配 即公兔和母兔自行交配，不需要特殊处理。这种方法比较简单、配种及时，可节省人力。缺点是种公兔利用率低。实行自然交配时，应把母兔放入公兔笼内，因为公兔对环境要求比较严格，如环境突然变化，可导致注意力分散，造成性欲降低。

自然交配时饲养员把母兔放入公兔笼内，发情好的母兔表现温驯，与公兔互相嗅闻，当公兔爬跨母兔时，母兔前肢趴伏、后肢直立，把臀部举起，尾巴侧向一边迎合公兔交配。当发现公兔发出"咕、咕"的叫声，倒在笼底，起来后顿足显示很兴奋的样子时，表示交配顺利完成，饲养员应立即取出母兔，检查是否假配，如无假配应立即把母兔后肢提起，轻拍臀部数下，以防精液倒流。

母兔有择偶性，会拒绝某些公兔交配。如把母兔放入公兔笼内后，母兔拒绝公兔爬跨，甚至发生咬斗，应及时取出母兔另择公兔。

配种时切忌多人围观，造成周围喧闹，导致公兔的注意力分散，影响配种，甚至公、母兔不愿交配。

如果母兔发情表现明显，但更换2～3只公兔都不愿接受交配，可对母兔进行强制配种。饲养员一只手抓着母兔双耳和颈背部领皮，另一手插入母兔腹下托起臀部，迎合公兔爬跨交配。

自然交配公、母兔比例在理论上可以达到1∶8～10，在生产实践中以1∶5～6为宜，否则会降低受胎率。

4. 人工授精 即是公、母兔不直接交配，而采用假阴道将公兔精液采出，经过检查、稀释处理，再用输精管输入发情母兔阴道内的先进配种方法。其优点有以下几个方面。

一是能充分利用优良的种公兔。在自然交配情况下，1

只种公兔可负担5～8只母兔的配种任务，最多不能超过10只母兔。而在人工授精的情况下，对公兔采1次精，就能配6～8只母兔，利用率可提高10倍。

二是减少公兔的饲养数量，降低养兔成本。

三是防止交配时兔相互接触，减少疾病传播。

四是由于预先检查精液品质，保证了精子的密度和活力，输精时又把精液输至阴道深部，可提高受胎率。

五是人工授精技术简单易学，设备可以自制，有利于推广。

(1)采精设备的制作 兔用采精假阴道包括外壳、内胎和集精杯3部分。外壳可用竹筒或硬橡胶管代替，长8～10厘米、直径3～3.5厘米；内胎可用避孕套代替，长16～18厘米；集精杯可用小试管或小药瓶代替。另外，再准备1个橡胶塞，橡胶塞的外径与假阴道外壳的内径相同，橡胶塞上打2个孔，第一个孔能插入小试管，第二个孔能插入1根细玻璃管。把避孕套的乳头处剪一小口套在小试管口上并固定，然后插入橡皮塞上的第一个孔内；橡皮塞的第二个孔内插入一小段细玻璃管，细玻璃管露出橡皮塞0.5厘米，上面套一根细胶皮管，并用夹子夹紧。把橡皮塞塞入外壳，连接避孕套的一端顺入外壳内。由于避孕套比采精器外壳长，因此露出外壳的部分可翻转过来套在外壳上，然后用橡皮筋扎紧，使其不漏水和空气。这样集精用的小试管管口通入假阴道孔内，小玻璃管管口通入外壳和内胎的夹层中。先通过玻璃管和细胶皮管向夹层中注入温水，再从此处注入空气，使内胎膨胀起来，采精时能给公兔阴茎以一定的压力(图5-3)。

(2)采精前的准备工作 采精前假阴道的各部位都要详细检查，防止有破损的地方。对集精杯和假阴道内壁进行洗

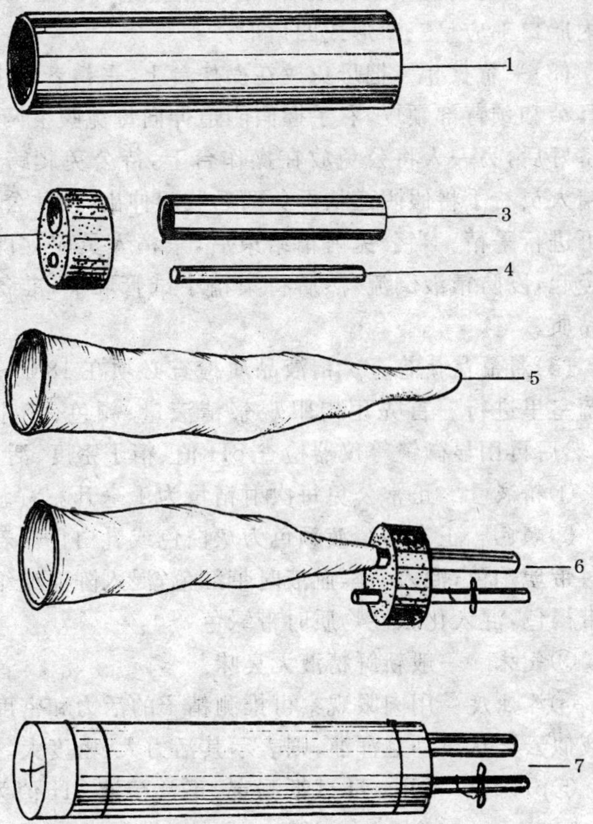

图 5-3　自制采精器

1. 外壳　2. 橡皮塞　3. 小试管　4. 细玻璃管　5. 避孕套
6. 内胎装置　7. 组装采精器外形

涤、消毒，再从小孔内灌入 50℃～55℃的温水，充气后使内胎里的温度达到 40℃～42℃。然后给内胎内壁涂上凡士林或液体石蜡，起润滑作用。最后调试温度、充气调压，调好内压的内胎口部应呈三角形或四角形。

(3)采精操作 把母兔放在操作台上，采精者左手抓住母兔耳朵和颈背部领皮，右手握假阴道伸向母兔腹下两后肢间，准备好后，另一人将公兔放在操作台上，待公兔爬跨母兔时，采精人员右手将假阴道从母兔两后肢间伸出，接住公兔阴茎，即可进行采精。当公兔射精结束后，采精人员应立即将假阴道竖起，以防精液倒流，然后将集精小试管取下，准备检查精液品质。

(4)精液品质检查 精液品质检查必须在18℃～25℃的无菌室里进行。首先用肉眼观察精液量、颜色、气味及浑浊度，然后再用显微镜等仪器检查pH值、精子密度、活力等。

①*精液量* 正常公兔每次射精量为1毫升左右。

②*颜色* 正常的精液颜色为灰白色或乳白色。若混入尿液时带琥珀色，混入新鲜血液时带红色，混入陈血或组织细胞时带褐色，混入化脓性物质时带绿色。

③*气味* 一般新鲜精液无臭味。

④*浑浊度* 用肉眼观察可推测精子的活力和密度。如果精液似云雾状滚动且浑浊，则表示其活力大、密度大。

⑤*pH值* 常用pH试纸测定，正常精液pH值为6.8～7.2。

⑥*密度* 取1滴精液滴于干净的凹玻片内，在显微镜下检查精子密度。精子密度通常可分为稠密、中等和稀薄3级。

稠密：在显微镜视野内精子与精子之间所留空隙不足1个精子的长度，精子彼此间距离很小，很难看出单个精子的活动情况。

中等：精子之间的距离相当于1～2个精子长度，且能看清单个精子的活动。

稀薄：精子数很少，彼此间距离超过2个精子长度。

⑦活力　也是鉴定精液品质的主要指标之一。由于精子活动受温度影响很大，检查时最好在27℃～28℃时进行。如果温度过高，则活动异常激烈，精子存活时间短；温度过低，则精子活动迟缓，特别是在10℃以下时，精子活动更为迟钝，5℃～6℃时，精子活动几乎停止。进行精子活力检查时，精液量不能太少，否则容易被风干。可加1～2滴精液于凹玻片上，然后加数滴稀释液，于显微镜下观察精子运动情况。精子运动的方式有3种：一是前进式，即精子呈直线前进运动；二是旋转运动；三是精子呈原地摆动式运动，不前进。根据精子运动方式及前进式运动精子所占的比例，可将精子活力分为5级。

1级：精液中有1/5的精子呈直线前进式运动。

2级：精液中有2/5的精子呈直线前进式运动。

3级：精液中有3/5的精子呈直线前进式运动。

4级：精液中有4/5的精子呈直线前进式运动。

5级：精子全部呈直线运动，非常活跃。

当精液中没有直线前进式运动的精子时，可用“0级”来表示。

进行兔人工授精时，为了保证有较高的受胎率，规定精液密度中等以上、精子活力为3级以上的方可使用。

⑧畸形率　用1滴精液抹片，置空气中干燥，然后用0.5%龙胆紫酒精溶液染色3分钟，水洗干燥后镜检。计数500个精子，以其中所含畸形精子数来算出精子的畸形率。可按以下公式计算。

$$精子畸形率=\frac{畸形精子数}{500}\times100\%$$

凡精子畸形率达到14%～18%的公兔都不能继续留用。

(5)精液稀释 经过检查可以使用的精液要进行稀释。精液稀释的目的是扩大精液量和延长精子寿命，便于保存和运输。稀释液的种类比较多，可用生理盐水(0.9%的氯化钠溶液)稀释液、5%葡萄糖稀释液、11%蔗糖稀释液、10%奶粉稀释液或鲜牛奶稀释液。这些稀释液经过消毒、降温后，每100毫升稀释液加青霉素、链霉素各8万～10万单位，即可使用。使用时稀释液温度应在35℃左右，稀释倍数为1∶3～5，保持每毫升稀释精液中有1 000万个活力旺盛的精子即可。

(6)输精操作 兔的输精器通常自制，如图5-4所示。一种是用注射器插一根8～10厘米长的细胶管；另一种是用吸滴管尖部套一段8～10厘米长的细胶管。输精时用注射器或吸滴管吸取0.5毫升稀释后的精液，将胶皮管插入母兔阴道内6～8厘米，即可输入精液。

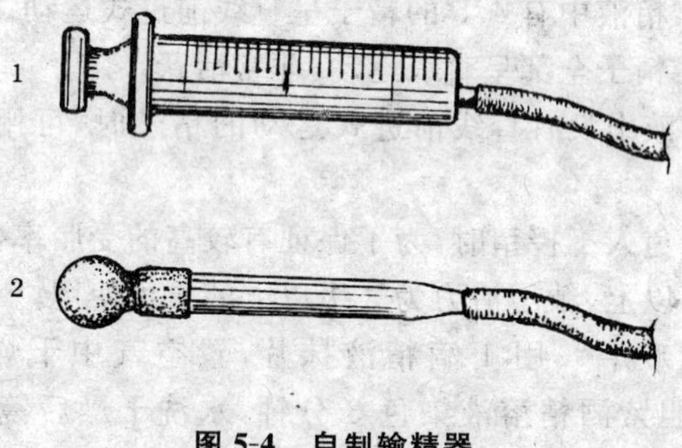

图5-4 自制输精器

1. 注射器改制 2. 吸滴管改制

因母兔为刺激排卵的动物，输精前要对母兔进行促使排卵的处理，有以下 3 种方法。

一是利用结扎输精管的公兔进行爬跨刺激；如果用未结扎输精管的公兔，可以用干净的布把公兔的阴茎罩住，以防在爬跨过程中交配。

二是利用激素刺激。给母兔肌内注射垂体前叶促性腺激素，剂量为每只母兔注射 5 单位；或肌内注射促排 3 号（LRH-A_3），剂量为每只母兔 0.5 毫克。在注射后 5～6 小时内输精可以收到满意的效果。

三是对发情母兔静脉注射 1％硫酸铜溶液 10～15 毫升，也有明显的促排卵效果。

对发情母兔进行人工授精要做好以下几个方面的工作。

①做好无菌操作　凡是可能与精液接触的器具，都必须严格消毒。先用清水清洗干净，再用生理盐水冲洗，之后用 75％的酒精棉球擦拭消毒，最后再用生理盐水冲洗数次备用。

②做好保温工作　采精室的温度要控制在 15℃以上；假阴道内的温度要在 40℃～41℃；稀释精液时，稀释液的温度应与精液的温度相同，保持在 25℃～35℃，防止由于温差而降低精子活力。

③输精部位要准确　输精时动作要缓慢，输精部位要准确，既不能插入尿道，也不能插入阴道过深。输精前应剪去母兔外阴部的长毛，用浸过生理盐水或 5％葡萄糖溶液的纱布或棉球擦拭干净。

④输精后的工作　输精后将用过的器械立即洗净、烘干备用，并立即做好输精记录，以便及时做好妊娠检查。

（三）母兔的妊娠与分娩

1. 胚胎发育　公、母兔交配后，精子和卵子在母兔输卵管壶腹部相遇、结合为受精卵。受精卵很快进行分裂，第一次细胞分裂在交配后21～25小时，于72～75小时后进入子宫。配种后7天左右，胚胎附植在子宫黏膜上，称为着床。着床后的胚胞继续发育，逐渐形成胎盘，通过胎盘吸收母体的营养和氧气，排出代谢产物和二氧化碳。受精卵在母兔生殖器官中发生的这样一系列的变化及发育过程，即为妊娠。

母兔为双子宫型，两子宫互不相通，一侧输卵管壶腹内的受精卵只能在同一侧子宫中着床。每侧子宫中胚胎数的多少，取决于同侧卵巢排卵数的多少和受精卵数的多少。两侧子宫的胚胎数不一定相等。据有关资料报道，母兔排卵时，两侧卵巢排出的总数为10个左右，变动范围为5～20个，所以有的母兔胎产仔可达10多只。

卵子排出后可保持受精能力6～8小时，研究证明排卵后2小时受精力最高。在正常情况下胚胎死亡率约占着床数的6%～8%，其中66%在配种后8～17天之间死亡，27%在18～23天之间死亡。胚胎死亡率高低与母兔妊娠期营养水平和环境有关。受配初期营养水平高于正常水平，第九天胚胎死亡率可达胚胎死亡总数的44%；而营养水平为适宜水平时，胚胎死亡率只占死亡总数的18%。高营养水平组初生活仔数只有3.8只，而适宜营养水平的胎产仔数可达6只。另外，孕兔生活环境杂乱，有干扰和噪声刺激，胚胎死亡率也会提高。

2. 妊娠检查 是在母兔配种后隔一段时间检查其是否妊娠。检查方法有称重法、复配法、摸胎法等，可以根据实际情况灵活选用。

(1) 称重法 在配种以前给母兔称重1次，配种后10天左右再给母兔称重1次。若母兔增重比较明显，说明母兔已经妊娠。两次称重均应在早晨空腹时进行。

(2)复配法 在母兔发情配种后7～10天，按时间推算已经进入下一个发情周期，再用公兔与其交配，如果母兔不接受交配，说明母兔已经妊娠；如果母兔接受交配，说明上一个发情期配种没有妊娠。

(3)摸胎法 这种方法是直接触摸母兔的腹部，以确定其是否妊娠。这种方法比较准确，需在配种后10天左右进行，如太早胚胎尚小摸不到；太迟则影响下一个发情期的补配工作。具体操作方法是：左手抓住母兔双耳和颈背部领皮，把母兔放在桌子上以便于操作，兔头对着操作者，右手张开，从前往后摸母兔腹部。如母兔腹部绵软，说明没有妊娠；如后腹部两侧各有1排肉球，则表明已经妊娠。不过摸胎时应注意胚胎和粪粒的区别。一般来说，粪粒为椭圆形，胚胎为圆形；粪粒没有弹性、不光滑，胚胎手感有弹性、光滑；粪粒在后腹部中央位置，胚胎在后腹部的两侧，排列整齐。妊娠时间越长，胚胎与粪粒的区别越明显。妊娠15天以后，母兔的腹部明显变大，肉眼观察即可判定为妊娠。

摸胎时操作者动作要轻，如果力量过大，容易造成母兔流产。

3. 分娩与哺乳 母兔配种后，从受精卵发育开始至分娩的整个时期为妊娠期。长毛兔的妊娠期变动范围为29～34天，平均为31天，不到29天者为早产，超过35天者为异常妊娠。生产实践证明，提前2～3天分娩的仔兔死亡率很高，延迟2～3天分娩的仔兔能正常成活和发育。妊娠期的长短与母兔体型、年龄、营养水平、胎儿数量和发育状况有关。大体型的母兔比小体型母兔的妊娠期长；老年母兔比青年母兔的妊娠期长；营养和健康状况良好的母兔比营养和健康不良的母兔妊娠期长；怀胎儿少的母兔比怀胎儿多的母兔妊娠期长。

妊娠母兔一般在预产期前2～3天开始用嘴将腹部、胸部的毛拉下来铺在窝内。个别初产母兔不会拉毛筑窝，饲养员可帮其把腹部毛拔掉，露出乳头。拉毛是临产的信号，与乳腺的发育和乳汁的分泌有密切关系。拉毛也是一种母性行为，不但可以刺激母兔乳腺分泌乳汁，便于仔兔寻觅乳头，而且可为仔兔准备良好的御寒材料。根据生产中观察，凡做窝早、拉毛多的母兔，其母性强，护仔性能好，泌乳量大。母兔临产前3天乳房开始肿胀，可挤出少量浓稠的乳汁。临产前母兔食量减少或停食，精神不安，频繁地出入产仔箱。

一般情况下，母兔分娩多在凌晨，也有白天分娩的。分娩时母兔呈蹲坐姿势，弓背努责，嘴抵阴部。一边产出仔兔一边咬断脐带，舔干仔兔身上的血液和黏液，吃掉胎衣和胎盘。每隔1～3分钟产出1只仔兔，多数是头先产出。一般经产母兔产完1胎仔兔需要30分钟左右，但也有个别母兔产完一批仔兔间隔数小时后再产出第二批仔兔。饲养员应掌握母兔的预产时间，以便产仔时做好观察和辅助工作，降低产仔时的死亡率。

母兔产仔后第一次喂奶在产后1小时左右，母性强的母兔可一边产仔一边让先产出的仔兔吃奶。一般母兔每天给仔兔哺乳1次，个别母兔每天给仔兔哺乳2次。母兔的泌乳量在分娩后逐日增加，到21天左右达到高峰，此后泌乳量开始下降。母兔泌乳可延长到2个月，但生产实践中发现，延长哺乳期对母兔和仔兔均没有明显的益处。血配所产的仔兔28～30天断奶，其他繁殖方式所产的仔兔35天断奶为好。

4. 催产技术 长毛兔在一般情况下均能正常分娩，不需要人工催产。但遇到特殊情况，必须进行催产处理。如难产、超过预产期2～3天还没有产仔的征兆；有的母兔有食仔恶癖，需要在人工护理下产仔；寒冷季节为防止夜间产仔造成仔兔被冻死等。人工催产方法有以下2种。

(1)诱导分娩 诱导分娩可分为以下几个步骤。

①拔毛刺激 把妊娠母兔轻轻抓出，放在操作台上或桌子上，左手抓住母兔耳朵和颈背领皮，使其腹部朝上，右手将乳头和外阴部周围的毛轻轻拔掉。

②吮乳 选择出生10天左右、发育正常、无疾病、6小时以内没有喂奶的1窝仔兔，把拔过毛的母兔放在产仔箱里，轻轻保定母兔，防止其乱跑或踏踩仔兔，让仔兔吮吸母兔乳头3～5分钟，然后将母兔取出放入原来的笼内。

③按摩 准备1条干净的毛巾，在温水中浸泡后拧干放在右手上，伸到母兔腹下，轻轻按摩2～3分钟，直到感觉母兔腹内胎儿蠕动为止。

(2)激素催产 目前对母兔催产使用人用催产素(脑垂体后叶素)注射液，每只母兔肌内注射3～5单位，注射后10分钟左右即可分娩。

催产素的用量不是越大越好。要根据母兔体重、怀仔多少灵活掌握，体重在3千克左右的和体重在4千克以上的用量不同。如果胎位不正造成难产，先不要急于使用催产素，待将胎位调正后仍不能产出时，可酌情使用。由于催产素催产见效快，母兔的产程短，所以应加强人工护理工作。

5. 预产期和产后的护理 母兔产前应做好接产工作。一般在妊娠28～29天时将消毒好的产仔箱放在母兔笼内，里面放些柔软干燥的垫草，让母兔熟悉环境。这时母兔已开始拉毛筑窝，如有初产母兔不会拉毛筑窝的，可在妊娠30天时人工辅助拉毛。

如果母兔在白天产仔，应将兔笼遮盖起来，避免光线太强引起母兔不安。母兔产仔时要保持环境安静，禁止外人围观和在附近大声喧哗。

分娩后母兔因失血较多会跳出产仔箱寻找饮水，如果找不到饮水就会返回产仔箱咬死或吃掉仔兔。所以，在其产仔时要准备一些麦麸淡盐水、红糖水或温开水，供其饮用。产仔室应保持安静；产仔完毕要取出产仔箱清点仔兔，如有死胎应及时扔掉，如仔兔身上留有羊水、血污的，饲养员应用柔软洁净的干布将其擦净，清除仔兔口中的黏液，并给产仔箱内絮上新鲜、干净、干燥的垫草。对未吃到奶的仔兔，饲养员应辅助其尽快吃上初乳。

应及时给产完仔的母兔注射 1 支产后康，或 40 万单位青霉素加 20 万单位链霉素，防止产后感染，发生乳房炎等；或在饲料中加入磺胺嘧啶，连用 5～7 天，防止产后感染。

哺乳前要测定仔兔的窝重和个体初生重，并做好记录，以便分析母兔的生产性能和泌乳性能等。

6. 母兔的人工催乳 母兔催乳的方法很多，这里介绍几种，如母兔产后乳汁不足，可以选择使用。

(1)人用催乳片催乳 1 只母兔 1 次口服 1 片，每日 3 次，连用 3 天。

(2)促乳素(PRL)催乳 也称促黄体分泌素，每次每只肌内注射 10 单位。

(3)中药催乳 黄芪 60 克，党参 40 克，通草 30 克，白术 30 克，王不留行 60 克，羊乳 60 克，当归 50 克，杜仲 20 克，路路通 40 克，川芎 20 克，旱莲草 40 克，女贞子 40 克。将以上中药混合、粉碎，加入饲料喂服，每日 2 次，每次 10 克，连用 5 天。

(4)红糖水催乳 母兔产仔后给其饮5%的红糖水250毫升，以后每天饮1次，连饮3～5天，催乳效果好。

(5)黄豆、豆浆催乳 每天将20～30克黄豆煮熟加入产仔母兔饲料中喂服；也可将20～30克黄豆浸泡后打成豆浆，煮沸晾凉后，供母兔饮用，每天1次，连用5天。

(6)蚯蚓催乳 鲜蚯蚓用开水浸泡，至发白捞出绞碎，拌入红糖喂兔，日喂2次，每次5～7克；也可以晒干后打成细粉，每日2次拌入饲料，每次1～2克，可使泌乳量增加1.5倍。

(7)食油催乳 在产仔母兔饲料中加入1.5%的植物油，可以催乳。

(8)小茴香、碳酸氢钠催乳 小茴香2克、碳酸氢钠片1片，粉碎混入饲料中饲喂产仔母兔，连用3～5天。

生产中也会遇到产后仔兔因故全窝死亡，而母兔产奶性能尚好，乳房胀满乳汁，血液循环受阻，不及时采取措施，就可能导致乳房炎。遇到这种情况，应减少或停喂精饲料，少喂青绿饲料和多汁饲料，多喂干草，限制饮水。可饮用2%～2.5%的冷盐水，或用干大麦芽50克，炒至黄色，拌入饲料中饲喂，可收到良好效果。另外，在母兔收奶期间可在饲料中加入磺胺类或抗生素药物，防止发生乳房炎。

五、长毛兔繁殖过程中的不正常现象

长毛兔为草食小家畜，多胎高产，繁殖力较强，是农村一项很好的致富项目。但在繁殖过程中也会出现一些不正常现象，如不育不孕、假孕、化胎、流产等，针对这些现象加以预防，是提高长毛兔繁殖力的一个重要环节。

(一)不育不孕

表现为公兔没有性欲，精液稀薄、死精、精子畸形等，导致精子不能与卵子结合形成受精卵，造成母兔空怀；母兔受到正常公兔交配，但不能正常妊娠。造成不育不孕的原因很多，现分述如下。

1. 公兔不育 导致公兔不育的原因除了生殖器官异常，如隐睾、单睾、睾丸小以外，内分泌失调、营养不良、营养过剩、疾病、环境温度过高、光线过强、光照时间过长等因素都可以引起公兔不育。实验证明，环境温度在 30℃以上持续一段时间后，公兔睾丸将失去生精能力，其精液品质急剧下降，有的公兔排出的精子全部死亡，有的出现无精症。即使环境改善，公兔生精能力恢复，重新形成有活力的精子至少也要 40～50 天。另外，公兔饲养室的光照时间如由每天 12 小时改为 16 小时，一段时间后，精液品质也会下降。饲料营养水平也能影响公兔的繁殖力，如饲料中碳水化合物含量高、蛋白质含量偏低，就会造成公兔过肥，影响精液品质。因此，在饲养管理中，公兔和母兔不能在同一兔舍同一光照条件下饲养，饲料的营养水平也要有所区别。

2. 母兔不孕 母兔不孕有的是先天性的，如生殖器官畸形，生殖道某部位缺陷，影响精子和卵子的结合；有的是功能性的，如卵巢功能障碍，不能产生成熟的卵泡；有的是营养性的，即营养缺乏或营养过剩所致的母兔过瘦或过肥，都会导致繁殖障碍。如果母兔过瘦，长期身体营养状况不佳，特别是长期缺乏维生素 A、维生素 E、微量元素和蛋白质，则会导致母兔不孕。母兔过肥，可使卵巢表面脂肪沉积，卵泡发育受阻或发育成熟的卵泡不能破裂排卵；还可以造成腹部脏器蓄积脂肪，输卵管壁增厚，口径变小，卵子不易通过，精卵结合受阻，造成不孕。有的因为生殖系统某些器官发生疾患，如子宫内膜炎、输卵管炎症、阴道炎、子宫肿瘤等也会引起不孕。

在日常生产实践中，体况过肥或过瘦，维生素 A、维生素 E 缺乏，药物中毒，高温造成的不育不孕极为常见，应在饲养管理过程中加以预防。

（二）假　孕

即母兔发情交配后，有时会有子宫增大、乳房胀大、不再接受交配等现象，在交配后 16～18 天就表现出产仔的行为，如衔草、拉毛絮窝、乳房分泌出一些乳汁等，但在没有产出仔兔，也没有流产征兆等情况下，临产行为就突然消失。这种现象称为母兔的假孕现象。

造成母兔假孕现象的原因是母兔发情交配后卵子没有受精或有的受精了但受精卵没有在子宫黏膜上附植（着床）或附植后胚胎死亡造成母兔空怀。而排卵位置形成的黄体没有因为妊娠终止而消退，而是继续分泌黄体酮，促进母兔子宫黏膜增厚、乳腺发育，表现出妊娠的征兆。16～18 天后黄体功能逐渐消失，所以假孕现象也就随之结束。假孕结束后立即配种受胎率很高。

（三）化　胎

化胎是指胚胎在子宫里早期死亡，逐渐被子宫黏膜所吸收，没有任何流产的表现，妊娠就终止了。产生化胎的原因很多，主要表现在以下几个方面。

1. 受精卵生命力弱　生命力较弱的精、卵结合后，胚胎发育到一定阶段就终止发育。在生产中老年公兔配老年母兔、青年公兔配老年母兔、老年公兔配青年母兔、青年公兔配青年母兔等，都容易出现化胎性空怀。

2. 母兔消瘦 母兔消瘦、体质弱，子宫黏膜薄，营养不足，胚胎着床后因营养供给不足而导致化胎。

3. 饲料中长期缺乏与生育有关的维生素 饲养时常年不喂青绿饲料，以干草粉补充纤维时又不重视补充维生素，特别是不重视补充维生素 A、维生素 E、维生素 B_1 等及微量元素，导致化胎。

4. 环境温度过高 妊娠期饲养室温度、湿度过高，特别是温度超出了临界温度时，母兔抵抗力下降，出现化胎现象。

5. 妊娠期饲喂发霉变质饲料 有些饲养场给妊娠母兔饲喂发霉变质的饲料、草粉等，引起母兔腹泻，导致体质下降而出现化胎。

6. 生殖道器质性病变 母兔妊娠期子宫、阴道发生炎性病变，危及子宫黏膜，出现化胎现象。

（四）流　产

母兔妊娠中断，排出未足月的胎儿称为流产。化胎为妊娠前期中断妊娠，流产为妊娠后期中断妊娠。引起母兔流产的原因很多，包括机械刺激、惊吓、盲目用药、疾病、母兔营养不良、膘情不好、长期缺乏维生素和青绿饲料、中毒等。

早期发现母兔流产征兆时可以预防。如发现母兔没有到预产期就有拉毛、衔草做窝的举动，就应使用黄体酮保胎，每只母兔肌内注射 15 毫克，每天 1 次，连用 2～3 天。如发现已经流产的母兔，可投给磺胺类药物或抗生素药物控制炎症发生，并用 0.1%高锰酸钾溶液擦洗外阴部，进行局部消毒，并给母兔饲喂适口性好、营养水平高的饲料，使其尽快恢复体质，准备下一个发情期配种。

（五）难　产

母兔的分娩是由产力、产道、胎儿 3 个因素协同完成的，如果其中某个因素发生异常，都可能导致难产。如母兔子宫收缩无力，母兔瘦弱无力分娩；幼母兔配种过早，骨盆狭窄；胎儿过大，胎位不正等。如果是产力和产道方面的原因导致难产，可以酌情催产。如胎位不正可以先顺胎位后催产，如果顺胎位和催产都不能奏效时，可以剖腹产挽救母兔。

（六）产后瘫痪

母兔产后四肢或两后肢突然麻痹，不能自主活动称作产后瘫痪。产后瘫痪的病因很多，也是一种常见病。有营养性的，如饲料中长期钙、磷缺乏或比例失调，缺乏光照，饲料中维生素 D 缺乏等；或由于频密繁殖，哺育仔兔过多，营养物质入不敷出所造成的相对营养不足；或由于饲料发霉变质造成母兔中毒性瘫痪；或患子宫炎、肾炎、梅毒等病引起疾病性瘫痪；也可能因兔舍潮湿、阴凉诱发产后瘫痪。

根据发病原因，在饲养管理过程中可加以预防。

（七）子宫脱出

母兔产仔后一部分子宫脱出阴门以外的症状称子宫脱出。发病原因为腹内压增高和努责过度。子宫脱出多发生在产后数小时内，以瘦弱的母兔多见。当母兔年龄偏大，营养不良，身体虚弱，长期患慢性消耗性疾病，长期便秘或腹泻，子宫炎或阴道炎，子宫和阴道周围的结缔组织减少肌肉松弛时，如腹内压力升高，就会导致本病发生。开始时脱出物为鲜红色，而后呈青紫色或暗红色。脱出部分严重水肿,黏膜极易出血,时间久了则部分黏膜溃疡或坏死。严重者可影响母兔以后的生殖能力。

六、提高长毛兔繁殖力的技术措施

长毛兔是多胎多产的草食小家畜,种母兔的繁殖力直接关系到生产水平的高低和经济效益的好坏,因此提高繁殖力是一个极为重要的技术问题。可以从以下几方面着手,采取措施。

(一)选择高产优良种兔

选留种兔时要选择体质健壮、性欲旺盛、母性好、生殖器官正常的母兔,同时根据谱系和繁殖记录,选留胎产仔数多的母兔后代作为留种仔兔。乳头应在4对以上,外生殖器发育正常。不符合以上要求的母兔都要予以淘汰。种公兔要选择睾丸大而对称,性欲强,所配种母兔受胎率高、胎产仔数多的。而单睾、隐睾的公兔不能作为种兔留用,性欲不强的、受配母兔受胎率低、胎产仔数少的也不能继续留用。

(二)加强饲养管理,保持体况适中

供给种母兔的饲料营养物质要全价、平衡,消化能在10.5～11.5兆焦/千克,粗蛋白质含量16%～17%,粗纤维14%～15%,粗脂肪3%～4%,钙1.2%,磷0.6%～0.8%,蛋氨酸及胱氨酸0.7%,赖氨酸0.62%。这样的饲料营养水平可以维持种母兔在产毛时达到中等体况。维持种母兔达到健康的中等体况是提高繁殖力的重要措施,过肥或过瘦都会

严重影响繁殖力。

种公兔的饲料应与种母兔的饲料有所区别，粗蛋白质应控制在16％～17％，保证维生素A和维生素E的供给量，同时保证锌、锰、铁、铜、硒的适当补给，冬季青绿饲料不足时要给种公兔补饲胡萝卜、大麦芽等，以提高其配种能力。

母兔妊娠期的营养需要也很重要。长毛兔的妊娠期可分为3个阶段：第一阶段为胚胎期，是受精卵发育、胚胎附植、胚胎生长发育阶段，大约为12天。这一时期胚胎的重量只有仔兔初生重的2％，因此这一时期母兔的营养需要并不是很大，只需按正常的饲养方法饲养，不必提高饲料的营养水平或增加饲料量。否则造成营养过剩，妊娠率反而降低。第二阶段称胎前期，是胚胎发育为胎儿至胎儿基本形成的阶段，大约需6天，也就是妊娠期的13～18天。这一时期胎儿在母体中的生长速度开始加快，胎儿重占仔兔初生重的10％，因此应从妊娠15天开始给母兔逐渐增加饲料，到妊娠19天时达到自由采食。第三阶段为胎儿期，即是妊娠期的19～31天，这一时期是胎儿快速生长的时期，胎儿身体生长量要占初生重的90％。此时也是母兔营养需要最高的时期，因此要逐渐增加精饲料喂量，到妊娠第二十三天以后，每天精饲料的供给量要比平常增加1～1.5倍。以上叙述是针对膘情好的母兔而言，而膘情差的母兔要从妊娠开始就采取“渐加精饲料”的办法，以迅速恢复体况，满足母兔本身和胎儿生长发育的需要，这样才能提高妊娠率和产仔率。

（三）提高适龄种兔比例，淘汰老、弱种兔

长毛兔种母兔在6月龄以前及3周岁以后配种受配率低，即使受配妊娠，胎产仔数也少，而且产下的仔兔初生重小，

体质弱，死亡率高。因此，以适龄种母兔作为繁殖种兔的主体，也是提高繁殖力的主要环节。每个长毛兔饲养场都要建立后备种兔群。繁殖母兔群中的种母兔年龄都应在8月龄以上、3周岁以下。达不到8月龄的不能参与配种，3周岁以上的也要及时淘汰，使1～3周岁壮年种母兔在种群中占据绝对优势。

（四）适时配种

要根据本地气候条件和保温降温设施，安排好配种季节和交配时间。例如，冬季繁殖时要做好兔舍的防寒保暖工作，同时提供较多的青绿饲料，以使母兔体质健壮，保证正常的繁殖。而春、秋两季气候适宜，饲料丰富，母兔的受胎率高，产仔数也多。

最佳的配种时间是发情的中后期，此时母兔阴户湿润、肿大，多呈潮红色，易配易孕。过早、过晚配种效果均不理想。配种当天也有适时问题，根据生产统计资料，在一天中中午12时配种受胎率最低，只能达到受配母兔数的50%；傍晚配种受胎率次之；晚上21～23时配种受胎率最高，可达到受配母兔数的84%。在生产中，应根据实际情况灵活掌握。

（五）改进配种方法

由于母兔属刺激性排卵动物，必须经公兔交配刺激后才会排卵，所以为确保母兔正常妊娠和防止假孕，可采用重复配种的方式，即在公、母兔第一次配种后5～6小时，再用同一只公兔交配1次。第一次交配的目的是刺激母兔排卵，第二次交配的目的是正式受孕。还可采用双重配种的方式，即1只母兔连续与2只具有不同血缘关系的公兔交配，中间间隔时间不超过 40 分钟，以增加受精时卵子的选择性，这样不仅提高了母兔的受胎率，而且增强了仔兔的生活力。但要注意的是，双重配种只适用于商品生产，不宜用于种兔生产，以防混杂血统。

（六）提高繁殖强度

在饲养管理条件较好、母兔非常健壮时，可通过频密繁殖（血配）和半密繁殖来提高繁殖强度，生产更多的仔兔，以提高经济效益。频密繁殖因配种时间距分娩时间较短，母兔的哺乳和妊娠同时进行，因而对营养物质的需要量很大，稍有疏忽，就会造成母兔身体衰弱、胎儿流产等。一般认为，商品兔可实行频密繁殖，种用兔不宜产仔过密。半密繁殖是指母兔在产后 12～15 天内配种，可使繁殖间隔缩短 8～10 天，每年可增加繁殖 3～4 胎。

（七）增加光照

光照能促进长毛兔性腺发育，提高其繁殖力。如果长时间把母兔放在光线较暗的环境中，母兔发情率很低，发情母兔即使受配，胎产仔数也比正常光照条件下的母兔胎产仔数少。所以，在冬季、早春和晚秋光照时间达不到种兔要求时，兔舍要实行人工补光。补光时光照强度每平方米地面公兔为 2 瓦、母兔为 3～4 瓦；光照时间公兔为 12 小时、母兔为 16 小时，因此种公兔和种母兔不能饲养在同一个兔舍内。补光要有规律性，不能时停时补，否则会对长毛兔产生不良影响。

第六章　长毛兔的营养与饲料

饲养长毛兔能否获得较高的经济效益，除遗传因素外，饲料与营养也是重要的物质基础。只有处于相同的饲养管理条件下，才能表现出种质优劣对生产的影响。如果饲料品质差，饲养管理不善，就是有好品质的种兔，也不能获得好的经济效益。所以，在长毛兔生产过程中，应尽量供给全价饲料，以满足长毛兔的营养需要。

一、长毛兔的营养需要

（一）蛋白质需要

蛋白质是一切生命活动的基础，是构成细胞的重要成分，是长毛兔体内所有组织和器官构成的主要原料，是参与机体内代谢不可缺少的物质；蛋白质在代谢过程中也释放出能量，是长毛兔体内热能来源之一。每克蛋白质在兔体内氧化时可产生 17.14 千焦的热量。

构成蛋白质的基础单位是氨基酸，构成兔体蛋白质的氨基酸有 20 种，分为必需氨基酸和非必需氨基酸。必需氨基酸在长毛兔体内不能自己合成，必须从饲料中获取；非必需氨基酸在长毛兔体内能自行合成，不一定必须从饲料中获取。饲料中缺乏非必需氨基酸不会引起长毛兔的营养失调；而缺乏必需氨基酸时，即使饲料中蛋白质含量很高，也能引起营养失调、生长发育受阻、体重减轻等现象。

饲料中蛋白质含量偏低时，对种兔的影响很大，表现在公兔性欲减退、精液品质下降、所配母兔受胎率降低、受胎母兔胎产仔数少；母兔发情不正常，不易受孕，产死胎、弱仔等。相反，饲料中蛋白质含量过高时，不仅造成浪费，还会引起种兔腹泻等现象。长毛兔对蛋白质的需求量因生理时期的不同而有差异，生长期长毛兔饲料中粗蛋白质含量为16%左右，种兔饲料中粗蛋白质含量为16%～17%，产毛兔饲料中粗蛋白质含量要求达到15.5%～16.5%。

（二）碳水化合物需要

碳水化合物是构成动物机体的重要组成部分，包括糖类和粗纤维2部分。糖类是无氮浸出物的总称，包括单糖、双糖、多糖；粗纤维是指植物性饲料中难以消化的物质，它在长毛兔维持正常消化功能、保持消化物稠度、形成粪便及在消化运转过程中起着重要的作用。成年兔如果饲料中粗纤维供给不足，会引起消化功能紊乱，食物通过消化道的时间为正常情况下的2倍，造成结肠内压力升高，近侧结肠膨胀扩大出现腹泻。日粮中粗纤维含量过高会引起肠蠕动过速，消化吸收率降低。长毛兔日粮中粗纤维的适宜含量为12%～17%，生长期饲料中粗纤维含量可偏低一些，在12%～14%；成年兔饲料中粗纤维的含量可偏高一些，在13%～17%。但任何生长阶段的兔饲料中，粗纤维的含量都不能低于8%。

碳水化合物是长毛兔生命活动所需能量的主要来源，能量饲料包括大麦、小麦、稻谷、碎大米、玉米、粟、高粱、荞麦、麦麸、米糠等；还有多汁饲料包括甘薯、马铃薯、薯渣、南瓜等。试验证明，育成兔每增重1克，需要耗能39.7千焦。体重3千克的青年兔，每天需要消耗能量836.8千焦。如果长毛兔日粮中能量不足，就会使兔体瘦弱，生长缓慢，生产力下降。相反，如果长毛兔日粮中能量饲料偏高，身体消耗不完就会转化成脂肪贮存在体内，脂肪贮存过多就会引起肥胖。公兔肥胖性欲减退，精液品质下降；母兔肥胖受胎率降低，胎产仔数减少。

（三）脂肪需要

脂肪广泛分布在动物体和植物体中，是构成长毛兔机体的重要成分。脂肪包括 2 大类，即油脂和类脂。油脂由甘油和脂肪酸构成，在一般情况下呈液体状态的为油，呈固体状态的为脂。类脂包括磷脂、糖脂、胆固醇等。

脂肪也是长毛兔日粮中不可缺乏的营养元素，其重要意义包括以下几个方面。

1. 是生长和修复组织的原料 脂肪是动物机体中细胞的重要组成成分。细胞核、细胞质都是由蛋白质和脂肪结合而成的脂蛋白组成的。兔机体的一切组织细胞均含有脂肪，因此长毛兔的饲料中必须含有脂肪。

2. 是长毛兔体内贮存能量的主要形式 1 克脂肪在长毛兔体内完全氧化可释放出 38.87 千焦的热量，比同样重量的蛋白质或糖高 1 倍以上，所以可以说脂肪是兔体内供给热能的重要物质。体内多余的脂肪可以贮存在皮下、肠系膜、大网膜等的脂肪组织中。一旦兔身体需要，贮存的脂肪可以被氧化分解放出大量热能供兔体利用。

3. 是构成长毛兔体内内分泌物和消化液的原料 长毛兔体内的胆固醇是构成维生素 D 和固醇类激素，如睾丸酮、孕酮、雌二醇和肾上腺皮质激素的原料。胆汁中的牛磺酸也是由胆固醇合成的。

4. 是脂溶性维生素的溶剂 脂肪是维生素A、维生素D、维生素E、维生素K等脂溶性维生素的有机溶剂，它们的吸收、输送、补充和利用，都是依靠溶解在脂肪内而完成的。

日粮中脂肪含量不足，会导致长毛兔发育不良、体重减轻、皮炎、掉毛、皮肤干燥、公兔的精液品质下降等；相反，日粮中脂肪含量过高，不仅使饲料适口性下降，而且使种兔过肥，繁殖力下降。饲料中脂肪含量因生理时期的不同而有所差异。生长期幼兔饲料中脂肪含量应为2％～3％；妊娠母兔饲料中脂肪含量应为3％～4％；哺乳母兔饲料中脂肪含量应为4％～5％。日粮脂肪含量如能保持上述比例，不仅有利于消化道中脂溶性维生素的吸收，增加毛的光泽度，而且有助于提高饲料的适口性。

（四）无机盐需要

无机盐是长毛兔机体维持正常营养所必需的物质，有其特殊的生理意义。

无机盐在长毛兔体内约占成年兔体重的5.6％，是形成体内的组织和细胞、保证幼兔生长、维持成年兔健康和提高生产性能所不可缺少的物质。其中含量占体重0.01％以上者为常量元素，包括钙、磷、钠、氯、钾、硫等；含量占体重0.01％以下者为微量元素，包括铁、铜、锌、锰、钴、钼、铬、碘、硒等。

任何一种无机盐缺乏或过量都会引起长毛兔功能紊乱。如，钙、磷缺乏会引起幼兔佝偻病，出现关节肿大、弯腿、拱背等，成年兔出现软骨病和骨质疏松症；由于植物性饲料中含钾多，含钠和氯极少，因此长毛兔很少发生缺钾现象，而经常缺乏钠和氯。当日粮中缺乏钠和氯时，幼兔生长受阻，食欲减退，出现异食癖等。此外，较为重要的元素还有镁、锌、铜、硒等，应在日粮中注意添加。据试验，日粮中钙和磷的含量，生长兔为0.45%和0.22%，妊娠兔为0.5%和0.37%，哺乳母兔则为0.75%和0.5%；食盐应按0.5%添加，可满足长毛兔对钠和氯的需求；钾的适宜含量为0.6%～0.8%。每千克日粮中镁的含量为300～400毫克，锌为50毫克，铜为5毫克，钴为1毫克，硒为0.1毫克。

（五）维生素需要

维生素是一类低分子有机化合物，在兔体内含量极少，大多数参与酶分子构成，具有生物学活性物质的作用。

维生素可分为脂溶性维生素和水溶性维生素2类。脂溶性维生素包括维生素A、维生素D、维生素E和维生素K。水溶性维生素包括B族维生素和维生素C。

长毛兔缺乏维生素A会导致视力减退、夜盲症，肺炎、肠炎，流产、胎儿畸形、幼兔生长发育停滞、发育不良、骨骼发育异常而压迫神经，造成运动失调、痉挛性瘫痪等，因此在生产中应注意添加。但补充过量也会引起生长障碍、皮肤营养障碍、上皮增厚、自然性骨折等。试验证明，生长兔和种公兔每千克体重每日需维生素A 8微克，繁殖母兔需14微克，分别相当于每千克日粮中应含维生素A 580单位和1 160单位。

缺乏维生素D，机体钙、磷平衡受到破坏，导致软骨病、关节肿大、母兔产后瘫痪、仔兔佝偻病等，因此生长兔、妊娠母兔每千克日粮中应含维生素D 900～1 000单位，并让长毛兔多晒太阳，饲喂天然干草，也可获得一定的维生素D。

长毛兔对缺乏维生素E非常敏感，当维生素E不足时，会导致骨骼肌和心肌变性，运动失调、瘫痪，还会造成脂肪肝及肝坏死，繁殖功能受损，新生兔死亡，母兔不孕等。维生素

E 的最低推荐量为每千克日粮 16～18 毫克。

维生素 K 是血液凝固所必需的物质。长毛兔肠道能合成维生素 K，合成量基本可满足生长兔的需要，但种兔在繁殖时必须添加，否则会引起妊娠母兔的胎盘出血、流产等。维生素 K 的推荐量为每千克日粮 2 毫克。

由于长毛兔消化道能合成相当数量的维生素 B_1，故其缺乏症发生较少。但日粮中含有结构与维生素 B_1 相似的拮抗物时，就会发生维生素 B_1 缺乏症，表现为生长受阻，运动失调，后肢瘫痪，痉挛，昏迷直至死亡。因此，生长兔饲料中每千克日粮应含维生素 B_1 1 毫克。

长毛兔盲肠中能合成维生素 B_6，但当生产水平高时，需要量也高，故生长兔饲料中每千克日粮应含维生素 B_6 300 毫克。

当维生素 B_{12} 缺乏时，长毛兔表现生长缓慢、贫血等。一般植物性饲料中不含维生素 B_{12}，但长毛兔肠道微生物能合成，合成量受饲料中钴含量的影响。建议生长兔饲料中每千克日粮中应含维生素 B_{12} 2.5～2.8 微克。

当长毛兔缺乏维生素 C 时，表现贫血，凝血时间延长，影响骨骼发育和对铁、硫、碘、氟的利用，生长受阻，新陈代谢障碍。长毛兔体内能合成满足生长需要的维生素 C，但对幼兔和高温、运输等逆境中的兔应注意补充。建议生长兔饲料中每千克日粮应含维生素 C 50～200 毫克。

胆碱缺乏时，长毛兔会出现脂肪肝、肝硬化、肾坏死、贫血、黄疸等。生长停滞、运动失调，成年母兔繁殖功能障碍。生长兔饲料中每千克日粮中应含胆碱 1 500 毫克。

（六）水分需要

水是构成兔体的重要组成成分，也是长毛兔生命活动中不可缺少的营养要素。成年长毛兔体内水分含量约为体重的65%，其中的40%存在于细胞中，20%存在于组织间隙中，5%在血液中；仔、幼兔体内水分含量更高。

水是维持细胞形态和功能的重要成分，是体内生理、生化反应的良好媒介和溶剂，并参与体内物质代谢的水解、氧化、还原等生化过程；水还参与体温调节，对维持体温恒定起着重要作用；体内营养物质和代谢废物的运送和排出，主要是通过溶解在血清里的水中，靠血液循环完成。因此，水对保证长毛兔机体正常生理功能有重要意义。当长毛兔体内水分损失5%时，有严重的干渴感，丧失食欲；损失10%时，其体内新陈代谢紊乱；损失20%时，即可导致死亡。

长毛兔每天的需水量为采食干物质量的2～3倍，全部饲喂全价颗粒饲料的养殖场，生长兔每天需饮水300～400毫升，随尿排出水分60～65毫升。

长毛兔的饮水量与气温、体重、年龄、生理、饲料种类有关。炎热的夏季长毛兔每次饮水量可达到采食干物质量的4倍以上。长毛兔每天所需的水分主要来自饮水、青绿饲料中所含的水分以及体内生理代谢所产生的水。水分严重不足会使妊娠母兔流产；产仔母兔因干渴还会咬死仔兔；哺乳母兔缺水时，会出现缺奶现象。炎热的夏季供水不足，可引起兔群中暑。

二、长毛兔的常用饲料

长毛兔是单胃草食小家畜，具有发达的盲肠，其消化道的构造和功能特别适合消化各种植物性饲料，主要是各种植物的营养体，即植物的茎、根、叶、花、果等。长毛兔食性广，只要无毒、不被污染的植物均可作为长毛兔的饲料，饲料来源很广，价格低廉，因此饲养成本低，经济效益高。但是，不同的饲料营养成分也不同，要想使长毛兔繁殖力强、生长发育快、成活率高、产毛量高，必须进行多种饲料的搭配饲喂。

(一)青绿饲料

青绿饲料即是新鲜的饲用植物，不管是青贮或加工成青干草营养都比较丰富。没有经过加工处理的青绿饲料含水分多，柔软多汁，营养丰富，适口性好，长毛兔非常喜食。由于其茎、叶不老化，纤维素含量少，故消化率也高。如给生长中的长毛兔提供充足的优质青草，那么即使不补充精饲料，也能保持较高的生长速度。

1. 野生青草 农田地头、路边沟旁、草山草坡上都长着野生青草，这些都是长毛兔上好的青绿饲料，在饲养量不大的情况下，每天割一部分野生青草供长毛兔食用，可以节约精饲料。野生青草种类很多，以禾本科野草和豆科野草营养价值最高。野生禾本科青草有野燕麦、白草、棒槌草、狗牙根、抓地秧、水稗草、星星草、披碱草、白茅草、羊草等；豆科野草营养最高，蛋白质含量丰富、适口性好。包括野苜蓿、米口袋、掐不齐、野绿豆等。其他野草如水萝棵、荠荠菜、黑尽菜、败浆草、水菠菜、灰灰菜、刺穗黎、扫帚苗、狗狗秧、野苋菜、野鸡冠花、苦荬菜、蒲公英等，也有较高的营养价值，且适口性也较好。割野生青草喂兔时一定注意不要让毒草夹杂其中，如毛毛眼、白头翁等。苍耳、鬼针在幼嫩时可以用做长毛兔的饲料，但结实后会产生毒素，饲喂时应仔细区别。

2. 人工种植的牧草 近年来许多养兔户都通过人工种植牧草的办法来解决饲草问题，取得了较好的经济效益。

人工种植牧草通常选择豆科植物和禾本科植物。豆科植物粗蛋白质含量高，而且适口性好，同时根系有固氮作用，可以提高土壤肥力。目前推广的豆科植物有苜蓿、三叶草、毛叶苕子、草木樨、沙打旺、紫云英等，除沙打旺和草木樨适口性稍差外，其他种类适口性都很好，可因地制宜选择种植。禾本科牧草虽然含粗蛋白质比豆科牧草低，但富含无氮浸出物，营养价值较高，适口性好，包括黑麦草、燕麦草、雀麦草、扁穗鹅冠草、猫尾草等。近些年推广的还有菊苣、聚合草、鲁梅克斯 K-1 杂交酸模，特别是鲁梅克斯 K-1 杂交酸模干物质中粗蛋白质含量达 32%，是长毛兔较好的蛋白质饲料。

3. 水生植物 水生植物也可作为长毛兔的饲料，如水浮莲、水葫芦、浮萍等。水生植物含水量很大，利用水生植物饲喂长毛兔时，要清洗干净，晾干表面水分，使植物体水分减少 30%时才能投喂。

4. 树叶 很多树叶在青绿状态时营养价值高，适口性也很好，可以用做长毛兔的饲料，如刺槐树叶、榆树叶、桑树叶、紫荆树叶、苦楝树叶、泡桐树叶、梧桐树叶、松针等。树叶可以鲜喂，也可以晒干制成树叶粉混于配合饲料中。刺槐叶粉干物质含量为 88.1%，总能量为 19.06 兆焦/千克，粗蛋白质含量为 18.86%，粗脂肪含量为 4.12%，粗纤维含量为 18.26%，粗灰分含量为 9.9%，含钙 2.21%，含磷 0.15%，含 β-胡萝卜素 90.98～242.68 毫克/千克，可在饲料中添加 5%～10%；松针粉在配合饲料中占 5%即有防病作用；苦楝树叶鲜喂有抗球虫作用；梧桐树叶粉在饲料中可添加 15%～25%。

5. 蔬菜 常用做饲料的蔬菜有白菜叶、萝卜叶、菠菜、甘蓝、胡萝卜叶等。蔬菜含水量大，饲喂长毛兔前必须晾晒，待水分蒸发 30%～50%以后方可饲喂，且用量不能太大。

（二）多汁饲料

多汁饲料主要是指植物的块根、块茎、瓜果等。包括胡萝卜、白萝卜、马铃薯、甘薯、南瓜、冬瓜、番茄等。多汁饲料含水量高，适口性好，纤维素含量低，有些种类含有大量淀粉，富含钾、钙、磷以及大量的胡萝卜素，蛋白质含量低。多汁饲料用量不能过大，否则会引起长毛兔腹泻。一般在冬季青绿饲料缺乏时，每天给长毛兔补饲适量的多汁饲料，不仅可以促进母兔的发情和泌乳，而且对仔、幼兔的生长发育也很有益处。

（三）粗饲料

广义上的粗饲料是指除了精饲料以外的所有植物性饲料，包括青绿饲料、多汁饲料、青干草、秸秆等。这里介绍的粗饲料是狭义上的，仅指青干草和秸秆。青干草是将青绿牧草刈割后晒干或用其他方法干燥后制成的饲料，而秸秆则是各种农作物收获后残留的茎秆和叶片。青干草制成后品质优劣差异很大，主要是与刈割时间、晒制方法有关。在初开花时刈割晒干的青干草，营养价值最高，枯黄以后刈割晒干的青干草，营养价值很低。另外，晒制青干草的方法对草中营养物质的保存影响很大，由于青草刈割后含水量在 80%以上，所以应先在阳光下晒 4～5 小时，使水分降到 38%～40%。再把草拢成高 1 米、直径 1.5 米的小堆，风干 3～4 天使水分降至 14%～17%时，即可堆成大垛贮存。晒制好的青干草应保持绿色，不霉烂，有清香味。优质的青干草营养价值高，维生素被破坏得少，是长毛兔冬季最好的粗饲料。

农作物秸秆相对于青干草来说，营养价值比较低，且所含物质绝大部分是纤维素。秸秆中以禾本科植物的秸秆营养最差，如麦秸、稻草、谷草等。甘薯秧、各种豆秸、花生秧粗蛋白质含量在13%以上，可加工成草粉，配制、加工成颗粒饲料。

虽然秸秆营养水平低，纤维素含量高，消化率低，适口性差，但可以利用化学方法或生物技术对秸秆进行处理，使纤维素得到分解，提高适口性和消化率。另外，将处理过的秸秆加工成草粉与精饲料配合，制成颗粒饲料，效果也比较好。

1. 秸秆的化学处理 就是利用酸、碱等化学药品配制的溶液处理秸秆，分解难以消化的纤维素和其他物质，以提高秸秆的营养价值和消化率。处理的方法有以下几种。

(1)氢氧化钠处理 氢氧化钠可使秸秆结构疏松，并溶解部分难以消化的物质，提高秸秆中有机物质的消化率。最简单的方法是将2%的氢氧化钠溶液均匀地喷洒在秸秆上，堆积熟化24小时后，摊开晒干，经粉碎后使用，可大大提高秸秆的消化率。

(2)石灰溶液钙化处理 这种处理其原理和方法与氢氧化钠处理相同，而且可以增加饲料中的钙质，方法简便、成本低廉。具体方法是：取1千克石灰，1～1.5千克食盐，加水200升混合均匀，放入100千克切碎的秸秆，浸泡5～10分钟捞出，熟化24～36小时后，晒干加工成草粉使用。

(3)氢氧化钠和盐酸配合处理 先把切碎的秸秆放在1%的氢氧化钠溶液中浸泡后捞出压实，过12～24小时再放入3%的盐酸溶液中浸泡，捞出后放置12小时以上，晒干粉碎备用。

(4)氨化处理 用碳酸氢铵或尿素处理秸秆，可以软化纤维，提高粗纤维的消化率。增加饲料的含氮量，使其营养价值相当于中等质量的干草。具体做法是：将5～6千克尿素或6

千克碳酸氢铵溶于60升水中，均匀地洒在100千克秸秆上，然后用塑料薄膜覆盖，压紧密封，氨化5～7天，摊开晾晒后即可使用。

2. 微生物处理 即利用微生物产生的纤维素酶分解纤维素，以提高粗纤维的消化率。比较成功的有以下几种处理方法。

(1)EM有效微生物处理法 EM有效微生物群是由光合细菌、放线菌、酵母菌、乳酸菌等10个属80多种菌复合培养而成的。可以用来处理秸秆，也可以稀释后供长毛兔饮用，有提高抗病力、促进生长、提高兔毛产量的作用。处理秸秆时的具体操作过程如下。

①*秸秆粉碎* 将秸秆用铡草机铡短，然后再用粉碎机粉碎成粗粉。

②*配制菌液* 取EM菌液1 000毫升，加红糖1 000克，净水160升，在常温下充分混合均匀。

③*菌液拌料* 将稀释好的菌液喷洒在500千克粉碎好的秸秆粗粉上，边喷洒边翻动，使秸秆粗粉与菌液混合均匀。

④*厌氧发酵* 将搅拌均匀的秸秆粗粉一层层地装入发酵池中，一边装一边踩实，一直堆到秸秆高出池口30厘米时为止，盖上2层塑料薄膜，薄膜上再盖20～30厘米厚的细土，压紧压实，防止透气。少量发酵时也可以用塑料袋，处理时必须注意压实，创造无氧环境。

⑤*开池饲喂* 封池后夏季发酵5～10天，冬季发酵20～30天，即可开池。开池时要从一端开始，由上到下一层一层地取用。每次取完后要马上封盖，防止阳光直射、污物混入和杂菌污染。优质的发酵饲料有苹果香味，味道酸甜，加入精饲料压成颗粒饲料或直接饲喂均可。开始饲喂时可能长毛兔不

习惯采食，但经过驯食后即可正常采食。

(2)秸秆微贮法 是用木质纤维分解菌和有机酸发酵菌通过生物技术制备的高效复合杆菌来处理秸秆，使之经过一定的发酵过程，变成长毛兔喜食的饲料。具体操作工艺如下。

①秸秆粉碎 将麦秸、稻草、玉米秸秆等粗饲料铡短、粉碎为粗粉。

②菌种复活 市售的秸秆发酵活杆菌，每袋 3 克，可发酵秸秆 1 吨，或青饲料 2 吨。在处理秸秆以前先将菌种倒入 200 毫升温水中充分溶解，然后在常温下放置 1～2 小时，使菌种复活后即可使用。注意当天配制好的菌剂一定要当天用完。

③菌液配制 处理 1 吨秸秆按活菌制剂 3 克、食盐 9～12 千克(如发酵玉米秸秆，食盐用量可降至 6～8 千克)、水 1 200～1 400 升的比例配制菌液，充分搅拌。

④秸秆入池 分层铺放粉碎的秸秆，每层 20～30 厘米厚，边铺边喷洒菌液，使其含水量达到 60%～70%，喷洒后压实，然后再铺第二层，直到超过池口 30 厘米，即可停止装料。

⑤封口 将最上面一层秸秆压实后，均匀地撒上一层食盐，以 250 克/米^2 为宜，可防止最上层的草粉霉烂，最后用塑料薄膜覆盖，再覆土 30 厘米，密封，进行厌氧发酵。

⑥开池使用 封池 21～30 天发酵成功即可开池使用。发酵好的秸秆具有醇厚的果香酸甜味，手感松散、柔软、湿润。取用方法与 EM 有效微生物处理法相同。

(四)精 饲 料

精饲料是指粮食及其加工后的副产品，主要包括以下 4 大类。一是谷实类，多为禾本科成熟的种子，主要包括玉米、燕麦、大麦及高粱。二是糠麸类，包括小麦麸、米糠、谷糠等。三是饼粕类，是大豆和油料作物子实榨油的副产品，包括大豆饼、花生饼、菜籽饼、棉籽饼等。四是糟渣类，为酿酒、制粉、制糖的副产品，包括酒糟、甜菜渣、豆腐渣等。

精饲料与粗饲料相比，营养成分含量高，体积小，纤维素含量低，富含B族维生素，易于消化。但缺乏脂溶性维生素，因此冬季如果青绿饲料缺乏，应注意补充维生素A、维生素D、维生素E和维生素K等。糟渣类、饼粕类饲料含蛋白质丰富，如油饼类饲料粗蛋白质含量高达30%～50%，是补充蛋白质的好饲料，长毛兔的日粮中若合理添加这类饲料，会提高产毛量，且毛品质好。棉籽饼中含有棉酚、菜籽饼中含有芥子苷，长期使用会引起长毛兔慢性中毒，所以选用棉籽饼和菜籽饼做饲料必须经脱毒处理后方可使用。

棉籽饼的脱毒方法：将0.5千克硫酸亚铁（黑矾）、0.5千克生石灰粉，置于100升水中溶解后，浸泡50千克棉籽饼，浸泡1小时可以脱去70%的毒素，使用时几乎没有毒害作用。

菜籽饼的脱毒方法：挖1个深0.7～1米的坑，大小视菜籽饼的多少而定，坑底铺一层麦秸。把菜籽饼和水按1∶1的比例混匀，装入坑内，距坑口10厘米处再铺一层麦秸，然后再覆盖20厘米厚的土，经过60天的坑埋，脱毒率可达84%以上。

糠麸类饲料使用时应注意饲料原料的搭配，不要单一使用。如麦麸粗蛋白质含量可达15%，且磷的含量较丰富，营养水平较高。但具有轻泻作用，单独使用时，如用量偏大，容易引起腹泻，所以使用时应与其他精饲料搭配使用。

（五）动物性饲料

动物性饲料是动物加工后的副产品，如鱼粉、肉骨粉、血粉、蚕蛹粉、蚯蚓粉等。动物性饲料蛋白质含量高，一般粗蛋白质含量在60%以上，氨基酸含量平衡，且消化率高，对于各生长发育阶段的长毛兔都有好处。仔、幼兔饲料中加入少量动物性饲料，可使其生长发育加速，体质健壮；种兔饲料中加入少量动物性饲料，可提高其繁殖力；生产兔饲料中加入少量动物性饲料，产毛量提高，毛质量好。但由于长毛兔为草食动物，食物以草为主，故动物性饲料在长毛兔配合饲料中的添加量通常为2%～3%，不能超过5%，否则会影响长毛兔的食欲。

（六）饲料添加剂

饲料添加剂是指为某种特殊目的，在长毛兔的饲料中另外添加的物质。包括微量元素添加剂、维生素添加剂、氨基酸添加剂、药物添加剂等。

1. 微量元素添加剂 是长毛兔全价饲料中不可缺少的营养物质，其目的是保证长毛兔的正常生长和健康，提高其生产性能。

根据研究和生产实践证明，与长毛兔生长、健康和生产性能有关的微量元素，主要有铜、锌、钴、铁、锰、硒、碘等。常用的化工产品或加工产品有硫酸铜、氧化铜、碳酸铜、氢氧化铜；硫酸锌、氧化锌、碳酸锌；氯化钴、氧化钴；亚硒酸钠；碘化钾、碘化钠、碘酸钾、碘酸钠；硫酸亚铁、氧化铁、氯化铁；磷酸锰、硫酸锰、氧化锰等。

添加于长毛兔饲料中的微量元素添加剂配方：硫酸亚铁

5 克,氯化钴 10 克,硫酸镁 15 克,硫酸铜 15 克,硫酸锰 20 克,硫酸锌 20 克,硫酸铝 10 克,硼砂 1 克,干酵母 80 克,土霉素 30 克分别粉碎后混合,再加碘化钾 1 克。另加骨粉 10 千克,充分混合后分袋包装,每袋 500 克或 1 000 克,配合日粮时按 1%加入饲料中。

2. 维生素添加剂 在实际生产中,维生素添加剂的配合形式多采用多维添加剂。因日粮中添加量很少,所以必须经扩大预配后再行添加,以免混合不匀,造成浪费,达不到添加的目的。

长毛兔的盲肠微生物能合成 B 族维生素和维生素 K,所以这类维生素一般不会缺乏,但脂溶性维生素 A、维生素 D、维生素 E 则必须由饲料供给。在不喂青绿饲料而以配合饲料为主的情况下,通常这 3 种维生素含量不足,需添加这些维生素制剂,尤其是在维生素消耗较多的夏季和对泌乳母兔更为重要。

3. 氨基酸添加剂 氨基酸是组成蛋白质和各种酶的基本单位,分为必需氨基酸和非必需氨酸。由于动物体内不能合成必需氨基酸,所以在配合饲料时必须人工添加一些氨基酸添加剂。

(1) 赖氨酸 在合成脑神经、生殖细胞等细胞核蛋白质及血红蛋白时具有重要的作用。生长期的长毛兔对缺乏赖氨酸的反应极为敏感,饲料中长期缺乏赖氨酸会引起生长停滞,氮平衡失调,逐渐消瘦,骨骼钙化失常等。以谷物饲料为主的长毛兔日粮中赖氨酸极易缺乏。按长毛兔的营养需要,日粮中赖氨酸的需要量为 0.6%～0.8%,每次更换饲料配方都要测定其中赖氨酸的含量,不足部分要补足。

(2) 蛋氨酸 是一种含硫氨基酸,参与体内甲基的转移,肾上腺素、胆碱、肌酸的合成，肝内脂肪的磷脂代谢也需要蛋氨酸，在体内还可形成胱氨酸。缺乏时往往会引起生长不良、体重减轻、肌肉萎缩、被毛变质、产毛量下降等。日粮中蛋氨酸加胱氨酸的需要量应达到 0.6%～0.7%，达不到时应补足。

(3) 色氨酸 是维持长毛兔正常生命活动和生产性能的必需氨基酸之一。参与血浆蛋白质的更新，并有促进核黄素发挥作用及有助于烟酸、血红素合成等作用。另外，色氨酸还有增加长毛兔体内 γ-球蛋白含量、增加抗体的作用。缺乏时也会引起生长停滞，体重下降，公兔睾丸萎缩，母兔繁殖力下降。长毛兔日粮中色氨酸需要量应达到 0.18%～0.22%，不足者应补足。

4. 药物性添加剂 分为 2 种，一种是有抗菌消炎作用的，如杆菌肽锌、北里霉素等；另一种是有驱虫保健作用的，如磺胺二甲基嘧啶、杀球灵、氯苯胍等。

杆菌肽锌具有明显地降低长毛兔肠炎发病率和促进生长、提高饲料利用率的功能。常用添加剂量为 30～50 毫克/千克饲料；北里霉素对革兰氏阳性菌、部分革兰氏阴性菌、螺旋体、立克次氏体及大型病毒等都有较强的抵抗作用，在饲料中的添加量为 250～300 毫克/千克饲料。

5. 饲料防霉剂 配合饲料和混合饲料在湿热季节容易发霉，所以在气温高、湿度大的季节里（温度 24℃～32℃，湿度 80%～100%）要在饲料中添加防霉剂。常用的防霉剂有丙酸钠，添加量为 1 千克/吨饲料；丙酸钙，添加量为 2 千克/吨饲料；脱氢醋酸钠，添加量为 200～500 克/吨饲料。

三、长毛兔的饲养标准与日粮配制

在长毛兔的饲养过程中，通常会出现两大误区：一是认为长毛兔是草食动物，饲料以草为主，忽视了精饲料的补给，或补给精饲料时品种单一，导致产毛量下降、母兔不发情、繁殖力降低；二是过分强调产毛与营养有关，在配合饲料中盲目加大精饲料含量，导致饲料营养过剩，造成浪费，经济效益反而降低。因此，应根据长毛兔的营养需要，对照饲养标准，配制合理的日粮。

（一）长毛兔的饲养标准

长毛兔的饲养标准是根据不同生理时期的长毛兔每天的营养需要和应供给的各种营养物质的定额，作为配合日粮和提高饲料转化率的科学依据。这样不仅能满足不同生理时期长毛兔对营养的不同需要，而且节约饲料，可以最大限度地发挥饲料的潜能，取得较好的经济效益。

世界上养兔比较发达的国家都制定了适合本国的家兔饲养标准，我国于 1991 年制定了第一个家兔饲养标准《安哥拉长毛兔饲养标准》。

依照饲养标准所配合的日粮，有其一定的科学性和必要性，但在生产实践中，不同的生态环境、饲料的品质、成分、适口性的差异以及兔群对环境中的应激因素产生的不同应激反应，都会影响日粮的饲喂效果。因此，按饲养标准配合的日粮，在实际生产中，也可根据实际情况，做灵活调整。我国制定的《安哥拉长毛兔饲养标准》推荐的日粮营养含量见表6-1。

表 6-1　安哥拉长毛兔营养需要量——推荐的日粮营养成分含量

项　　目	生　长　兔		妊娠母兔	哺乳母兔	产毛兔	种公兔
	断奶～3月龄	4～6月龄				
消化能(兆焦/千克)	10.46	10.04～10.46	10.04～10.46	10.88	9.83～10.04	10.04
粗蛋白质(%)	16～17	15～16	16	18	15～16	17
可消化蛋白质(%)	12～13	10～11	11.5	13.5	11	13
粗纤维(%)	14	16	14～15	12～13	17	16～17
粗脂肪(%)	3	3	3	3	3	3
蛋氨酸＋胱氨酸(%)	0.7	0.7	0.8	0.8	0.7	0.7
赖氨酸(%)	0.8	0.8	0.8	0.9	0.7	0.8
精氨酸(%)	0.8	0.8	0.8	0.9	0.7	0.9
钙(%)	1.0	1.0	1.0	1.2	1.0	1.0
磷(%)	0.5	0.5	0.5	0.8	0.5	0.5
食盐(%)	0.3	0.3	0.3	0.3	0.3	0.3
铜(毫克/千克)	2～20	10	10	10	20	10
锌(毫克/千克)	50	50	70	70	70	70
锰(毫克/千克)	30	30	50	50	30	50
钴(毫克/千克)	0.1	0.1	0.1	0.1	0.1	0.1
维生素 A(单位/千克)	8000	8000	8000	10000	6000	12000
胡萝卜素(毫克/千克)	0.83	0.83	0.83	1.0	0.62	1.2
维生素 D(单位/千克)	900	900	900	1000	900	1000
维生素 E(毫克/千克)	50	50	60	60	50	60

引自《中国农业科学》,1991,24(3)

(二)长毛兔日粮配制方法

动物日粮配制方法包括热量法和重量法 2 种,长毛兔日粮配制通常采用重量法。制订饲料配方时,首先要根据长毛兔所处生理阶段的营养标准以及本地饲料原料品种价格高低选择饲料原料,确定各原料的大致比例,草拟一个饲料配方。然后在饲料营养成分表(附录)上查出饲料原料的各种营养成分,计算出该配方中消化能、粗蛋白质含量、粗脂肪含量、粗纤维含量与营养标准的差距,有差距要进行修改与调整,直到接近或达到饲养标准为止。

例如,要为我国中原地区的青年长毛兔制订饲料配方。首先,初步拟定各饲料原料在配方中所占的比例为玉米 20%,麦麸 22%,黄豆饼粉 15%,菜籽饼粉 5%,细米糠 5%,豆秸粉 15%,花生秧粉 15.5%,秘鲁鱼粉 1.5%,骨粉 1%。其次,再查饲料营养成分表计算出这种配合饲料能量、粗蛋白质、粗脂肪、粗纤维能否达到营养标准的要求(表 6-2)。

表 6-2 长毛兔饲料原料营养成分含量

饲料原料	比 例 (%)	重 量 (克)	粗蛋白质 (克)	粗纤维 (克)	消化能 (兆焦/千克)
玉米面	20	200	17.8	6.4	3.21
麦 麸	22	220	34.32	20.24	2.48
黄豆饼粉	15	150	62.40	6.75	2.03
菜籽饼粉	5	50	18.70	5.85	0.58
细米糠	5	50	1.02	22.80	0.26
豆秸粉	15	150	22.95	49.65	0.66
花生秧粉	15.5	155	20.10	27.45	1.46

续表 6-2

饲料原料	比　例（%）	重　量（克）	粗蛋白质（克）	粗纤维（克）	消化能（兆焦/千克）
秘鲁鱼粉	1.5	15	8.78	—	0.24
骨　粉	1	10	—	—	—
合　计	100	1000	186.07	139.14	10.92
所占百分比与标准差距	—	—	18.6+0.6	13.9+3.9	10.92−1.0

注：+表示超过，−表示不足

根据查表计算的结果看，粗蛋白质、粗纤维含量超过饲料营养标准，而消化能不足，这时应降低豆秸粉的用量，增加玉米的用量。调整后配方如表 6-3。

表 6-3　调整后长毛兔饲料原料营养成分含量

饲料原料	比　例（%）	重　量（克）	粗蛋白质（克）	粗纤维（克）	消化能（兆焦/千克）
玉米面	25	250	22.25	8.00	4.01
麦　麸	22	220	34.32	20.24	2.48
黄豆饼粉	15	150	62.40	6.75	2.03
菜籽饼粉	5	50	18.70	5.58	0.58
细米糠	5	50	1.02	22.80	0.26
黄豆秸粉	10	100	15.30	33.10	0.44
花生秧粉	15.5	155	20.10	27.45	1.46
秘鲁鱼粉	1.5	15	8.78	—	0.24
骨　粉	1	10	—	—	—
合　计	100	1000	182.87	123.92	11.5
所占百分比	—	—	18.4	12.5	

调整后的饲料配方消化能 11.5 兆焦/千克，比原标准 11.9 兆焦/千克低 0.4 兆焦/千克；粗蛋白质 18.4%，比原标准高 0.4%；粗纤维原标准为 11% 以上，调整后的饲料为 12.5%，也符合要求。所以，此配方基本符合饲料营养标准，可以使用。

如果调整后饲料配方中所含营养成分与饲料营养标准的成分相距仍较大，可以按照这种方法继续调整，直到接近要求或符合要求。

（三）配制长毛兔日粮时应遵循的原则

1. 饲料成分要符合长毛兔的消化特点 长毛兔是单胃动物，盲肠发达，盲肠微生物群分泌的菌素有助于消化粗纤维，饲料中的粗纤维对营养物质的消化吸收及大肠、小肠的蠕动有促进作用，所以应按照饲料营养标准配给粗纤维，但其含量过高或过低对肠道消化液的分泌都有不良影响。另外，饲料中玉米粉添加量不要过大，否则会在长毛兔肠内异常发酵，引起腹泻。长毛兔喜食植物性饲料和颗粒饲料，不喜欢吃粉料，所以最好加工成颗粒饲料饲喂长毛兔。

2. 充分利用当地的饲料资源 最好就地取材，根据当地资源优势，选择价格低廉、质量较好的饲料原料。这样不但运程短、成本低，而且营养成分损失少。长毛兔的蛋白质饲料可用苜蓿草粉，粗蛋白质含量可达 20.1%；也可以用刺槐叶粉，粗蛋白质含量可达 18.86%。

3. 饲料成分要相对稳定 饲料配方一旦经过饲养实验证明效果良好时，就要固定下来，不要轻易改变。如果必须改变饲料配方中的某种成分时，应逐渐增加新成分含量，于 7 天左右更换完毕。

4. 选择品质好的饲料原料　饲料原料品质的好坏直接关系到长毛兔的健康和生产效益，如果饲料原料发霉变质，会引起长毛兔腹泻，导致幼兔生长停滞，妊娠母兔流产。因此，饲料原料一定要新鲜，采购回来之后要妥善保管，把好饲料质量关才能保证兔群健康，减少疾病发生率。

5. 合理使用饲料添加剂　一定要按照饲料配方的要求合理添加饲料添加剂，特别是微量元素中的硒、铬等，使用要慎重，计算要准确，否则易引起中毒现象；不能长期使用某一种抗生素添加剂，应经常变换使用，否则会引起细菌的抗药性；在加工颗粒饲料时，由于机械产生的热量会使维生素添加剂部分失效，因此加工颗粒饲料时，维生素添加剂应增加20％～100％。

第七章　长毛兔的饲养与管理

一、长毛兔的生活习性

长毛兔除具备家兔的生活习性外，还保留着一些野兔的生活习性，根据其生活习性的特殊性进行科学的饲养管理，方能取得良好效果。

（一）昼伏夜出

野兔在田野、深山、丛林之中营穴居生活，身体弱小没有进攻能力。所以，在野生条件下为免受天敌的侵害，形成了昼伏夜出的生活习性。

长毛兔在人工饲养以后，仍然保留祖先的这一特性，白天多静伏笼中闭目养神，夜间则十分活跃，频繁采食和饮水。根据生产试验证明，长毛兔夜间采食的饲料量约占全部日粮的60％。根据这一生活习性，在长毛兔的饲养管理中必须合理安排投饲量，白天要少投一些，夜间要多投一些并供给充足的饮水。特别是夏季白天炎热，长毛兔食欲下降，更要重视夜间投饲。一般来讲，白天投饲量应占全部日粮的 40％，夜间投饲量应占全部日粮的 60％。

（二）胆小怕惊

野兔体小力弱，没有特殊的防御能力，但警惕性很高，所以长期以来形成了胆小、易受惊、喜安静的习性。长毛兔也仍然保留着这一习性，尤其是突如其来的刺激，如遇到异常声音、异常惊动等，都会使其惊惶失措，乱蹦乱跳，甚至由于强烈的刺激而引起食欲不振，母兔流产，产仔母兔咬伤、残食仔兔等现象。因此，在饲养管理过程中，应保持兔舍安静，饲养员在兔舍操作时动作要轻、稳，避免造成大的动作和响声。要禁止其他动物进入兔场，以防惊吓长毛兔。

（三）喜欢清洁和通风的环境

野兔喜欢生活在地势较高、干燥的环境中，这种环境不利于细菌繁殖，野兔也不会轻易患病。在人工饲养条件下，长毛兔仍然保留着这一习性，因此应使兔舍干燥、清洁、空气新鲜、通风良好，这样才能保证兔群的健康。

（四）耐寒怕热

长毛兔的汗腺不发达，而且身体表面被覆浓密的兔毛，因此养成了耐寒怕热的生活习性。生产实践证明，健康的成年兔可以在－30℃～－35℃的条件下露天生活。但低温对仔兔、幼兔有不良影响。长毛兔对热的耐受性较差，体温易受外界温度的影响而变化，一昼夜内体温可相差 2℃～3℃，夏天比冬天体温要高 0.5℃～1℃。据研究，当外界温度由 25℃上升到 35℃，长毛兔通过扩张皮肤血管内径增加皮肤血液量的方式不能满足降温需要时，就要增加呼吸次数，通过加强呼吸道水分蒸发来散热。当外界气温达到 35℃时，长毛兔呼吸次数由每分钟 42 次增加到 282 次，增加 5.7 倍。

（五）消化系统有消化纤维素的功能

长毛兔的消化系统具备消化纤维素的功能，表现为以下

2 个方面。

1. 肠道很长 长毛兔肠道的长度是体长的 10 倍，这样食物通过消化道的时间较长，有利于消化植物性饲料。

2. 盲肠特别发达 长毛兔盲肠的长度与体长相近，其中生存着大量的有益微生物。这些微生物可以分泌纤维素酶，对饲料中的纤维素进行发酵分解。长毛兔的结肠前段也有同样的消化能力，当盲肠通过蠕动将食糜推入结肠，结肠又通过逆蠕动将食糜推回盲肠，这样食糜在盲肠和结肠间来回移动，保证了微生物对纤维素的充分分解，最后由大肠壁将分解后的可吸收物质吸收进入兔的身体。

因此，长毛兔可以采食青草、干草等粗饲料，将其转化为价值很高的兔毛产品。

(六)具有啮齿行为

长毛兔的第一对门牙为恒齿，出生时就有，且不断生长，必须通过啃咬硬物使其磨平，以保持上、下颌齿面吻合。这种啮齿行为常常造成笼具、产仔箱等的损坏。为了避免造成损失，建笼时就要考虑长毛兔的这一行为，即建造兔笼的材料必须坚固结实，可选择用铁丝、水泥预制板等。饲养时要经常往笼内投放一些树枝，任其自由啃咬、磨牙，以减少长毛兔对笼具的损坏。

二、长毛兔一般的饲养与管理原则

(一)长毛兔一般的饲养原则

1. 日粮搭配以草料为主，精饲料为辅 长毛兔是草食动物，日粮应以青粗饲料为主，精饲料为辅。精饲料的补充量应根据长毛兔不同生理阶段的需要和季节变化而定，如在幼兔期及种兔的配种、妊娠、哺乳期营养需要量大，可以多喂一些，晚秋、冬季、早春青绿饲料缺乏时可以多喂一些；而在种母兔空怀阶段，青草丰盛的季节可以多喂一些青绿饲料，少喂一些精饲料，以降低饲养成本。

试验证明，每天喂给青粗饲料的量应占长毛兔体重的20%～30%，体重4～5千克的成年兔，每天供给青粗饲料800～1 500克，精饲料100～150克，青粗饲料占全部日粮的70%以上。在规模养兔生产中，精饲料占60%左右，粗饲料占40%左右，加工成全价配合颗料饲料，每天投饲量在120～250克，再搭配一些青饲料或多汁饲料，效果也很好。

2. 饲料原料要多样化，切忌品种单一 饲喂长毛兔的精饲料品种不能单一，一般是玉米粉、麦麸、黄豆饼(粕)搭配使用，或利用花生仁饼(粕)、菜籽粕、棉籽饼、葵花籽饼等代替一部分黄豆饼(粕)。有利于提高日粮中蛋白质的含量和利用率，达到其中各种营养物质互补，保证长毛兔能够获得全面营养。现在提供以下几种饲料配方，仅供参考(表7-1，表7-2，表7-3，表7-4)。

表7-1 河南省台前县良种长毛兔繁育总场饲料配方 (%)

饲料原料	幼 兔	核心群种母兔	种公兔	生产兔
麦 麸	24	14.4	19	17
玉 米	22	20	20	18
黄豆饼	21	18	12	5
黄豆粕	—	6	—	7

续表 7-1

饲料原料	幼　兔	核心群种母兔	种公兔	生产兔
菜籽粕	—	—	7	—
棉籽粕	—	—	—	5
细米糠	4.8	5	6.4	8
豆秸粉	15	15	13	15
花生秧粉	10	24	20	22
进口鱼粉	1.5	1.8	1	1.2
骨　粉	1	1	1	1
蛋氨酸	0.2	0.2	0.2	0.2
赖氨酸	0.2	0.1	0.1	0.1
食　盐	0.3	0.5	0.3	0.5

注:维生素、微量元素、其他添加剂按说明书上的剂量添加

表 7-2　甘肃省兰州畜牧研究所安哥拉兔饲料配方　(%)

饲料原料	妊娠母兔			哺乳母兔		种公兔	
苜蓿草粉	37	40	42	31	32	42	49
玉　米	27.5	18	29.9	30	28.4	15	—
麦　麸	18	8	12.5	15	20	17	16
大　麦	—	16.4	—	4.4	—	—	16
豆　饼	3	—	5	5	5	5	4
胡麻饼	5	5	—	4	5	6	5
菜籽饼	6	5	7	7	6	9	4
鱼　粉	1	5	1	1	1	3	3
骨　粉	1.5	1.5	1.5	1.5	1.5	1.5	1.5
食　盐	0.5	0.5	0.5	0.5	0.5	0.5	0.5

续表 7-2

饲料原料	妊娠母兔			哺乳母兔		种公兔	
硫酸锌(克/千克)	0.1	0.1	0.1	0.1	0.1	0.3	0.3
硫酸锰(克/千克)	0.05	0.05	0.05	0.05	0.05	0.3	0.3
硫酸铜(克/千克)	0.05	0.05	0.05	0.05	0.05	—	—
多种维生素(克/千克)	0.1	0.1	0.1	0.1	0.1	0.3	0.3
蛋氨酸	0.2	0.3	0.3	0.3	0.3	0.1	0.1
赖氨酸	—	—	—	0.1	0.1	—	—

表 7-3 江苏省农科院饲料食品研究所安哥拉兔饲料配方 (%)

饲料原料	妊娠母兔	哺乳母兔		产毛兔
玉　米	25.5	23	26	14
麦　麸	33	30	32	36
豆　饼	16	19	19	16
苜蓿草粉	—	—	—	30.5
青干草粉	11	18	15	—
大豆秸粉	11	3	3.5	—
骨　粉	—	2.7	2.2	—
石　粉	1.2	—	—	1.2
食　盐	0.3	0.3	0.3	0.3
预混料	2	2	2	2
鱼　粉	—	2	—	—
消化能(千焦/千克)	10758	10549	10758	11595
粗蛋白质	16.09	18.37	17.32	17.77
粗纤维	11.96	10.70	10.24	15.23

表 7-4 浙江省饲料公司安哥拉兔产毛期饲料配方 (%)

饲料原料	1	2	3
玉 米	35	17.1	24.9
四号粉	12	10	—
小 麦	—	—	10
麦 麸	7	8.1	10
豆 饼	14	10.9	15.5
菜籽饼	8	8	8
青干草粉	—	38.5	29.2
松针粉	5	5	—
清 糠	16	—	—
贝壳粉	2	1.4	1.4
食 盐	0.5	0.5	0.5
添加剂	0.5	0.5	0.5
消化能(千焦/千克)	11721	10465	11721
粗蛋白质	16.24	16.25	18.02
粗纤维	12.55	15.92	15.52

3. 调制饲料时要注意品质 经过调制的饲料含水量要适中、干净，这样可以减少疾病发生，并能提高长毛兔对饲料的消化率。

水分含量大的青绿饲料在投喂以前要进行晾晒，失去一部分水分后再鲜喂。早晨割的青草叶面上沾有露水，长毛兔食入后容易造成腹泻，要晾干后再喂；雨天割回的草，也要晾干表面的水分后再喂。

块根、块茎类饲料，投喂前要清洗干净、晾去水分、切成粗丝;青绿秸秆、甘薯秧等,要铡成较短的段再投喂。

长毛兔不喜欢带腥味的饲料和粉状料。所以,调制饲料时可以加一些甜味素,增加饲料的适口性,引起长毛兔的食欲。有条件的场、户应把精饲料和草粉加工成全价颗粒饲料,配合饲喂一些青绿饲料和多汁饲料,这样既能满足长毛兔对营养的需要,也能减少人工割草的压力。无法加工颗粒饲料的小规模饲养户,饲喂粉状料时一定要用水拌湿后再喂,以免粉末吸入气管引起咳嗽。湿度以用手将饲料握成团,没有水从指缝中流出,手指伸开抖动时饲料还能散开为宜。如果幼兔、哺乳母兔饲料中需要加入鱼粉,注意用量不能超过 3%,而且要搅拌均匀,这样加工成颗粒饲料就不会有腥味了。

为保证饲草、饲料的品质,要做到以下“十不喂”:一不喂霉烂、变质饲料;二不喂带泥沙、粪污的饲料;三不喂带露水、雨水的青绿饲料;四不喂被农药等毒物污染的饲料;五不喂冰冻饲料;六不喂发芽马铃薯和带黑斑病的甘薯;七不喂没有煮熟的黄豆或黑豆;八不喂有毒植物;九不喂大量菠菜等草酸含量高的青绿饲料;十不喂大量紫云英等容易造成腹泻的青绿饲料。

4. 定时定量,看兔下料 投喂时要定时定量,使兔的消化吸收形成规律,这样才能保证长毛兔食欲旺盛,身体健康。如果投饲无规律,容易引起消化道疾病,特别是幼兔更为明显。现列表说明长毛兔饲养场每日投喂时间和工作情况(表7-5),以供参考。

表 7-5　长毛兔饲养场每日投喂时间及工作情况

时　间	工作任务	其　他
早春至晚秋 6:30～7:30 晚秋、冬、早春 7:30～8:30	饲喂草料、饮水及精饲料	夏季开窗通风，观察兔食欲、粪便
9:00～10:00	给仔兔喂奶	观察仔兔吃奶情况
10:00～11:30	清扫笼舍，清除粪便	按卫生防疫制度消毒
14:00～15:00	饲喂草料	冬季开窗通风换气
17:00～18:00	清洗食具、饮具，母兔首配，给仔兔添 1 次草	
20:00～21:00	投喂草料及精饲料	关闭门窗
21:00～23:00	复配，给仔、幼兔添草料	

不同生长阶段长毛兔每日投饲量见表 7-6。

表 7-6　长毛兔不同生长阶段每日投饲量　（克）

生长阶段	夏　季		冬　季		
	青饲料	精饲料	青饲料	多汁饲料	精饲料
仔　兔	50～100	5～20	10～15	20～30	8～10
断奶至 2 月龄	200～400	15～25	50～80	80～100	25～35
2～3 月龄	300～450	20～30	65～100	100～150	30～40
3～4 月龄	400～600	25～35	85～125	175～250	40～50
4～5 月龄	500～700	30～40	100～150	200～300	45～60
育成兔	500～700	50～60	100～150	200～300	45～60
配种公兔	700～900	50～75	150～175	200	50～75
妊娠母兔	700～900	50～75	150～200	150～250	75～100
哺乳母兔	1000～1400	75～150	150～250	150～250	75～150

以上规定的投饲量是针对一般情况而言的，生产中必须灵活掌握，根据体况、季节不同、天气情况等来决定投饲量的大小。

(1)根据体况决定投饲量 体型大的个体要多投一些，体型小的个体要少投一些；膘情好的要少投一些，膘情差的要多投一些，并适当补喂一些泡煮后的黄豆。

(2)根据粪便的干湿情况决定投饲量 粪便干硬的个体，应多投一些青饲料，并增加饮水，少投粗干饲料；粪便软或稀的个体，应多投干粗饲料，少投青饲料，少饮水。

(3)根据饥饿程度决定投饲量 有饥饿感、食欲旺盛的要多投一些；没有食欲的可以少投一些。饲喂后1小时左右，饲养员应到兔舍察看一下长毛兔的采食情况，凡是已经吃完的，说明食欲旺盛，下次可以多投一些；如剩食很多，说明食欲不佳，下次可以少投一些。

(4)根据天气情况决定投饲量 天气寒冷时要多投一些，补充散失的体热，并且要给长毛兔饮温水；天气炎热时可少投精饲料和干草，多投青绿、多汁饲料，多饮水。

(5)根据不同生长阶段决定投饲量 成年兔按一般规定的量投喂，并且1日投喂2～3次；幼兔投喂次数要增加，每次投饲量要少，让其吃八成饱，这样在下次投喂时幼兔食欲旺盛，且不容易出现消化道疾病。

(6)根据带仔数量决定母兔投饲量 母兔带仔多的应多投一些；带仔少的应少投一些。

5. 饮水要充足，水质要新鲜 水是长毛兔生命活动中非常重要的物质，饲养过程中如果供水不足，就会造成食欲下降，食量减少，也会影响食物的消化吸收、代谢物质的排出以及体温调节等。特别是在炎热的夏季，长时间缺水会造成长毛兔中暑死亡,母兔分娩后如不及时供给饮水,会因干渴而咬死仔兔。

饮水要保证新鲜清洁,每天都要更换。夏季每隔 3～5 天还要给兔饮 1 次 0.01％的高锰酸钾水,起到预防疾病的作用。

给长毛兔供水时要做到“五不饮”:不饮冰碴水,不饮坑塘水,不饮隔夜水,不饮污水,不饮可疑有毒的水。

(二)长毛兔一般的管理原则

1. 要实行笼养 笼养长毛兔有以下几方面的优点:一是可以避免或减少疥癣病的发生,使长毛兔被毛完整、清洁;二是可以避免地面潮湿给其带来的不良影响,减少球虫病的发病率,提高长毛兔的成活率。装笼原则是剪毛兔 1 笼 1 只;刚断奶的幼兔在性成熟前可以 1 窝 1 笼,待 2 月龄以后把公、母幼兔分开,1 笼 1 只,单独饲养。

2. 保持兔舍安静,防止干扰 长毛兔胆小怕惊,稍有异常即会引起惊慌不安,食欲减退,甚至患病死亡。试验证明,饲养在安静兔舍中的 3～4 月龄幼兔,每月增重可达 0.4～0.5 千克;而饲养在不安静兔舍中的同龄幼兔,增重很少,有的甚至不增重。因此,为保持兔舍安静,防止干扰,要做好两方面的工作:

一是兔舍要保持安静。非工作人员一般情况下不得进入兔舍,有特殊情况进入兔舍的,要禁止大声喧哗;饲养人员在兔舍工作时,动作要轻,避免突然发出噪声。

二是防止其他动物进入兔舍。禁止猫、狗、老鼠、黄鼠狼等进入兔舍,特别是鼠和黄鼠狼,一旦进入兔舍不仅会惊吓长毛兔,而且还会咬死仔、幼兔。

3. 保持兔舍清洁卫生,通风干燥　长毛兔喜欢清洁的环境,有采食、休息、排便 3 点定位的习性。因此,兔舍内地面要经常打扫,笼具、用具要经常清洗、消毒,保持清洁;饲养员每天要对兔舍周围环境、兔舍地面粪尿沟打扫 1 次;草架、食槽、水盆要勤清理、勤清洗,保持干净;饲养员及其他工作人员的工作服 、水靴要经常洗刷、消毒。

兔舍通风干燥对养兔成活率有重要影响。封闭式兔舍宽度一般为 8 米左右,屋顶的坡度为 25%～30%,排气孔的面积为室内地面面积的 3%～5%,并有活门调节排气量。每平方米兔舍面积上兔的荷载量为 25～30 千克。在这种情况下,夏季换气量为每千克活重 3～4 $米^3$/小时,配合洒水,可使兔舍温度降低 3℃～4℃;冬季在保持舍温的前提下,换气量为每千克活重 1～2 $米^3$/小时;温度适宜的春、秋季节换气量为每千克活重 2～3 $米^3$/小时。空气流速一般不应超过 50 厘米/秒,冬季应保持在 20 厘米/秒,且流速应均匀。

半开放式兔舍要根据季节和天气的变化,及时开窗或利用排风扇通风。如果冬季天气晴朗、温暖,每天可于 12～16 时开窗通风换气,在雨雪天气外界气温很低的情况下,通风时间要适当缩短;夏季要在气温偏低的清晨和夜晚开窗通气,中午气温高的时候不要打开门窗。

4. 重视补光　根据法国研究的资料报道,繁殖母兔每天光照时间达到 16 小时,光照强度每平方米兔舍 3～4 瓦灯泡,可以获得最佳繁殖成绩;公兔似乎喜欢较短的光照时间和较弱的光照强度,一般每天光照时间为 12 小时,光照强度每平方米兔舍为 2 瓦灯泡。

北纬 35°以北的地区,夏季利用自然光照即可满足长毛兔的要求;在晚秋、冬季、早春,自然光照时间不能满足要求时，就要进行补光。补光必须在晚上，时间长短要固定，不然会造成性功能紊乱，影响种兔的繁殖力。

5. 防暑、防寒、防潮

(1)防暑 长毛兔生活适宜的温度为15℃～25℃，兔舍温度高于25℃时，食欲下降、食量减少；兔舍温度高于30℃时，应及时在兔舍上搭设遮阳网，防止强烈的阳光照射兔舍顶而增加舍内温度。同时，兔舍内应及时洒水、通风降温。给长毛兔补充淡盐水，让其自由饮用，可以预防中暑。

(2)防寒 长毛兔虽然有一定抵御低温的能力，但在0℃以下时繁殖力和产毛量就会受到影响，要想获得好的繁殖和产毛效果，种兔舍温度应不低于15℃；仔兔培育室温度不得低于25℃，否则仔兔体温下降，新陈代谢减缓，容易导致生病死亡；幼兔舍温度也不能低于20℃，否则幼兔常因消化不良、发生胃肠炎等影响生长。因此，如冬季兔舍温度达不到所需温度时，就要采取保温或加温措施，这样才会有好的生产效果。

(3)防潮 环境潮湿，长毛兔容易患球虫病、疥癣病和各种细菌性传染病。早春、晚秋阴雨天气，气温突然下降，兔舍要及时生火供暖，一是避免兔舍温度突然下降而使兔生病；二是去除潮气，防止病原体孳生。夏季阴雨天气舍内潮湿时，可在地面撒些生石灰、草木灰用以吸潮，降低舍内湿度。

6. 适当运动 适当运动可增强长毛兔的体质，提高新陈代谢率及抗病力。一般来讲，种兔笼要适当大一些，每只兔笼的笼底规格为70厘米×60厘米，每只兔笼饲养1只种兔。种公兔适当运动可以提高性欲和精液品质，从而提高配种能力；种母兔适当运动可提高受胎率和促进胚胎发育，减少分娩时的难产率。养兔场可在场内背风向阳处修一运动场，大小视具体条件而定，运动场地面用水泥抹平，周围用砖砌1米高的围墙。在温度适宜时将公兔放入运动场内，再放入2～3只未发情的母兔，让公兔追逐、爬跨以增加运动量。

7. 坚持“防重于治”的原则 保持兔群的健康，首先要重视对疾病的预防工作。人们常说：“防重于治，平安无事；治重于防，买空药房”。这充分说明了兔群防疫工作的重要性。忽视预防工作，一旦兔群发病，不仅要花费大量的药费，而且还要损失一部分个体。兔场的防病工作要做到“四防，五及时”。四防是：夏季重点预防球虫病；春、秋季注意预防感冒和巴氏杆菌病；冬季注意预防仔、幼兔冻害；长年预防疥癣病和兔瘟病。五及时是：发现兔病及时报告、及时隔离、及时诊断和及时治疗，发现传染病及时处理。

（三）长毛兔一般的管理技术

1. 长毛兔的捕捉方法 无论是检查、注射，或是配种、发情鉴定、打耳号等都必须捕捉长毛兔。捕捉时也要有技术要领，方法不对会造成不良后果。正确捕捉长毛兔的方法是：首先使长毛兔安静，切莫使其受惊，然后用右手从头部顺着毛向后抚摸，待长毛兔不动时，用右手将双耳及颈背部领皮一起抓牢，轻轻提起，左手顺势托其臀部，使长毛兔的体重主要落在托臀部的手掌上。捕捉妊娠母兔时，更应该特别小心，这样既不会伤害兔体，也能避免捕捉兔的人员被兔抓伤。捕捉体重较小的仔、幼兔时，仅用右手抓双耳和颈背部领皮即可，不用再托其臀部。

没有经过正规训练的人，捕捉长毛兔时，有很多不正确的方法，如只提提双耳而不抓颈背部领皮，由于耳朵主要是软骨组织，不能完全承受全身的重量，提起双耳时由于兔挣扎，容易使耳根受伤，造成双耳或单耳下垂。有的人是倒提后肢，这样长毛兔向上跳跃时，容易出现脑充血。也有人提抓腰部，往往会伤其内脏，用这种方法捕捉妊娠兔时，容易造成流产。

2. 长毛兔的年龄鉴别 购买长毛兔时应选择青年兔，由月龄和当时的体重来估测该个体将来的体重大小。长毛兔的趾爪和门齿随年龄的增长而变化，可以作为鉴定年龄的依据（图 7-1）。

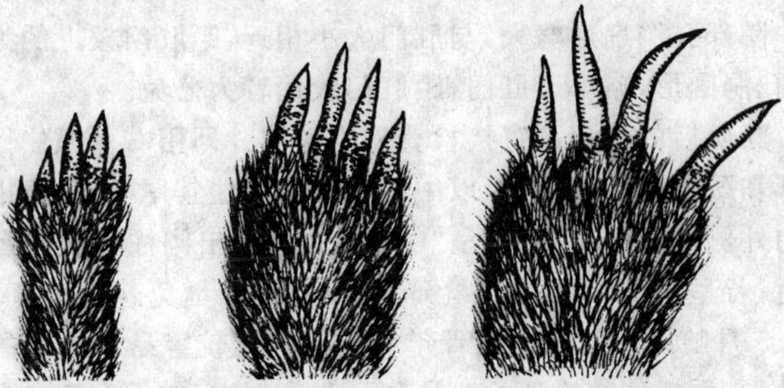

1　　2　　3

图 7-1　不同年龄长毛兔的趾爪变化

1. 青年兔趾爪　2. 壮年兔趾爪　3. 老年兔趾爪

(1) 青年兔　即指 8 月龄以前的兔。趾爪短、细、平直，富有光泽，隐藏在脚毛之中，白色长毛兔趾爪基部呈粉红色，尖端为白色，且红色多于白色；门齿洁白短小，排列整齐；皮毛光滑而富有弹性。

(2) 壮年兔　即指 1～3 周岁的兔。趾爪粗细适中，较平直；随年龄增长而逐渐露出于脚毛之外，趾爪颜色红段稍短，白段稍长；门齿白色，粗长整齐；皮毛光滑，富有弹性。

(3)老年兔 指3岁以上的兔。趾爪粗长，爪尖弯曲，表面粗糙无光泽，大部分露出于脚毛之外，灰白色部分大大超过红色部分；门齿呈黄色或黄褐色，厚而长，有的有破损；皮厚而松弛，毛无光泽，颜色发暗。

3. 长毛兔的性别鉴定 刚出生的仔兔较难辨别性别，需要观察其阴部孔洞形状和与肛门之间的距离。观察时把手洗净，把仔兔轻轻地倒握在手中，然后用食指向背侧压住尾巴，用另一只手的拇指和食指分开其阴部，露出红色黏膜仔细观察。阴部孔洞扁形略大，与肛门大小相近，距肛门较近的为母兔；孔洞圆形，略小于肛门，距肛门较远者为公兔。

断奶后的幼兔可直接检查外生殖器。即用右手抓住仔兔双耳和颈背部领皮，左手以中指和食指夹住其尾巴，大拇指轻轻向外侧翻开生殖器，若呈“O”形，并可翻出圆柱状突起者为公兔；若呈“V”形，下端裂缝延至肛门者，为母兔。

3月龄以上的幼兔和青年兔的鉴别比较容易。检查的方法是：右手抓住被检兔的双耳和颈背部领皮，左手中指和食指夹住尾巴，手掌托起臀部，用拇指推开生殖孔，其口突出呈圆柱形者是公兔；呈尖叶状，裂缝延至下方接近肛门者为母兔。也可观察有无阴囊，即可区分。

4. 公兔去势 凡是不作为种用的公兔，都应及早去势转入生产群。公兔去势后性情温驯便于管理，在同样饲养条件下比不去势的公兔产毛量高，毛的质量也好。去势一般在3月龄性成熟以后立即进行，因为这时睾丸已经下垂到腹壁以外。去势的方法有以下几种。

(1)注入药物 此方法比较简单，具体操作方法是：一人将待去势的公兔保定，在阴囊纵轴前方用75%酒精消毒后，视公兔大小，每个睾丸内注入适量的5%碘酊，或5%氯化钙溶液，或5%甲醛溶液1.5～2毫升。一般来讲，注射药物后睾丸很快开始肿胀，3～5天后自然消肿，7～8天后睾丸明显萎缩，公兔失去性欲，半月左右睾丸干枯脱落。

(2)阉割法 去势前将公兔用冬眠灵按5毫克/千克体重饮水或拌入饲料服用催眠，待公兔昏迷后将公兔背朝下，头部稍低，适当保定，将睾丸从腹股沟管中挤入阴囊内，捏紧不使睾丸滑动。用5%碘酊消毒术部，再用75%酒精脱碘。用消过毒的手术刀顺睾丸体纵轴方向切开皮肤，开口1厘米左右，随即挤出睾丸，然后用5%碘酊消毒即可。如果切口较大，可进行缝合处理。去势后应将公兔放入消毒后的笼内，以免伤口感染化脓。正常情况下3～5天即可康复。

(3)结扎法 一人保定公兔，另一人用5%碘酊消毒公兔阴囊皮肤，将睾丸挤入阴囊后捏住，用消毒后的尼龙线或细橡皮筋将阴囊根部扎紧，使血管封闭，血液不能流至睾丸，睾丸因缺血而坏死，最后干枯脱落，达到去势的目的。这种去势方法开始几天睾丸也会出现水肿，公兔比较痛苦，甚至影响采食和增重。

5. 打印耳号 为了控制血统，便于管理，种兔或生产兔都要打印耳号。打印耳号的方法有以下2种。

(1)耳号钳法 打印耳号的工具为耳号钳和与耳号钳配套的数字钉、字母钉。打印耳号时先按编号顺序将耳号钉装入耳号钳中固定，然后在长毛兔耳内侧无毛区，且血管较少的地方，用5%碘酊消毒，待干后用耳号钳夹住该部位，用力握钳柄进行钳刺，最后涂上醋墨(墨汁加少许食醋)，用手揉捏被刺部位的耳壳，使墨汁进入针孔，数日后针孔处干痂脱落，出现蓝色或黑色号码，永不褪色。

(2)耳标法 即用铝片或塑料制成小标签，上面用黑笔写好或用激光印好应编的号码，用专用的耳号钳打入耳壳。耳标使用简便，价格便宜，适于推广。

6. 长毛兔的采毛技术 采毛是长毛兔饲养过程中一个重要环节，合理的采毛，不仅可以促进兔毛生长，而且可以提高兔毛质量，从而提高饲养长毛兔的经济效益。目前采集兔毛的方法包括剪毛和拔毛2种。因采集方法不同，销售价格也不相同。

(1)剪毛 是目前长毛兔主要的采毛方法。剪毛技术性很强，需要一个逐渐熟练的过程。刚饲养长毛兔的人，不仅剪得慢，而且剪出的毛质量也比较差。目前长毛兔饲养比较集中的地区，出现了提供有偿服务的"剪毛站"，他们的剪毛人员技术熟练，剪1只兔的毛只需10～15分钟，且毛质量好，所以很受养兔户的欢迎。

①*剪毛次数* 根据长毛兔在正常饲养管理条件下毛的生长速度，养毛期为90天者就可获得特级毛，70～80天者可获得一级毛，60天者可获得二级毛。从理论上说，如90天剪1次毛，1年可剪毛4次；73天剪1次，1年可剪毛5次，以此可推算每只兔的年产毛量。但生产实践中为满足长毛兔喜欢冬暖夏凉的习性，年剪5次毛的时间安排如下：3月上旬养毛期80天时剪1次毛；5月中旬养毛期70天时剪1次毛；7月中旬养毛期60天时剪1次毛；10月上旬养毛期80天时剪1次毛；12月中旬养毛期70天时剪1次毛。研究证明，70天左右剪毛后毛的生长速度要比90天左右剪毛后生长速度快，可以提高产毛量7%左右。

②*剪毛方法* 长毛兔剪毛一般采用专用剪，也可以用理发剪或裁衣剪。技术熟练的剪毛员5～10分钟就可以剪1只兔。剪毛的顺序为背部中线→体侧→臀部→颈部→颌下→腹

部→四肢→头部。剪下的毛应按长度、色泽及优劣分别摆放，最后分类集中装箱，毛丝方向最好一致。

③注意事项

第一，剪毛时剪刀应贴紧皮肤，切忌提起兔毛剪，以免剪破凸起的皮肤，有皮肤皱褶处更要特别小心。

第二，避免二刀毛。剪毛下刀要平稳，留的毛茬要短。如第一刀剪下去后留茬过高不可接着修剪，可留待下次长长后再剪。

第三，剪腹部毛时要小心，切不可剪破母兔乳头和公兔阴囊，接近分娩的母兔可暂时不剪胸、腹部的毛。

第四，剪毛后应注意保暖。冬季剪毛应选择在晴天、无风天进行。剪毛后的兔应放在温暖的室内，做好防寒保暖工作，以防感冒。如果不能在剪毛后做保暖工作的，剪毛时应只剪背部毛，把侧面、腹部的毛留下，待背部毛长长时，再剪侧面和腹部的毛，这样不会因毛被全部剪去，体热散失较大，抵御不了寒冷而生病。

第五，患有疥癣病、脱毛癣的长毛兔，应单独剪毛，用具专用，剪下的毛也要单独保存，在阳光充足、无风的天气里进行晾晒，杀灭寄生虫、虫卵、菌丝和孢子等；用具要严格消毒，凡是被剪破皮肤的兔伤处应用5%碘酊消毒，防止感染。

(2)拔毛 也是长毛兔的一种重要采毛方法，已受到长毛兔饲养户的重视，被越来越多的养兔户采用。

①拔毛的优点 拔毛可刺激皮肤，促进长毛兔皮肤的代谢功能，促进毛囊发育，促使毛囊增粗，使粗毛比例增加。据试验证明，拔毛可使产毛量提高8%～12%；可使优质毛的比例提高40%～50%，粗毛率提高8%～10%。

另外，拔毛时可以拔长留短，有利于冬季兔体保温，留在身上的毛不易结块，夏季还可以防止蚊虫叮咬等。

②*拔毛方法* 拔毛有2种方法，一是拔长留短，二是全部拔光，两者可根据不同季节而选定。前者适于寒冷季节和换毛季节，每隔30～40天拔1次；后者适于夏季和温暖的季节，每隔70～90天拔1次。拔毛时应先用梳子梳理被毛，然后用左手固定兔子，用右手拇指将兔毛按压在食指上，均匀用力拔取一小撮一小撮的长毛，也可用拇指将长毛压在梳子上拔取小束长毛。

③*注意事项*

第一，拔毛时每次不宜拔得过多，应一小撮一小撮地拔，这样不会使长毛兔感觉非常疼痛，同时有刺激皮肤的作用，促进皮肤血液循环，加快毛的生长。

第二，长毛兔幼兔期皮肤薄、娇嫩，第一、第二次采毛时宜采用剪毛的方法，不宜采用拔毛的方法，当进入成年期后再采用拔毛方法，不会伤及皮肤。

第三，妊娠母兔、哺乳母兔和配种期公兔不宜采用拔毛法，否则易引起妊娠母兔流产，泌乳母兔泌乳量下降，影响公兔配种期的配种效果。

第四，拔毛要因品种而异。拔毛适于被毛密度小的个体或品种，被毛密度大的个体或品种还应以剪毛为主，以免损伤皮肤。

（四）提高兔毛产量和质量的技术措施

饲养长毛兔的主要目的是获得优质的、数量较多的兔毛。所以，提高兔毛产量和质量是饲养管理的重要环节之一，必须认真对待。

1. 长毛兔产毛性能的形成 据研究证明，长毛兔产毛性能的好坏是由2方面因素决定的，一是先天遗传性；二是后天获得性，两方面都占优势的个体，产毛性能就好。如果先天遗传性很好，后天营养不良，也不能形成好的产毛性能。

据测定，长毛兔产毛量的遗传力为0.6～0.7，这一数据表明兔毛产量是高遗传力的。因此，选择高产毛量种兔的后代留种，形成高产群是十分必要的。

长毛兔毛囊的形成发生在妊娠20～26天的胎儿期。这一时期如果妊娠母兔获得的营养充足、全面，胎儿也就能得到充足的营养，原始毛囊就能强烈增殖，数量大大增加，这样的个体产出后营养充足而全面，毛纤维就生长得好，就能成为高产毛量个体。相反，在胎儿期如果妊娠母兔营养不充足或不全面，胎儿不能得到充足的营养，原始毛囊发育不好，数量少，这样的个体产出后，即使产后营养丰富和全面，产毛量也不会很高。因此，高产种兔的选择和母兔妊娠后期加强营养，对形成高产兔群都是至关重要的。

2. 被毛特点及换毛规律 白色长毛兔全身被毛洁白、松软、浓密。毛纤维分为细毛、粗毛和两型毛3种，其中以细毛为主体。

细毛是被毛中最柔软、纤细的毛纤维，呈波浪形弯曲。长5～12厘米，细度为12～15微米，现在的种群细毛一般占被毛总量的85%～90%。细毛在毛纺工业中价值很高，兔毛的质量在很大程度上是由细毛的数量和质量来决定的。

粗毛是毛纤维中最长、最粗的一种，又称枪毛。它直、硬、无弯曲，长度10～17厘米，细度35～120微米，一般占被毛总量的5%～10%，有的种群粗毛率达15%或更高一些。粗毛耐磨性强，具有保护细毛、防止结毡的作用。

两型毛是指单根毛纤维上有粗毛和细毛2种类型。两型毛上部平直，无卷曲，髓质层发达，具有粗毛特征；下部较细，有不规则的弯曲，由单排髓质细胞组成，具有细毛的特征，在被毛总量中占1%～5%。两型毛因粗细交接处直径相差很大，极易被拉断，毛纺价值低，含量愈少愈好。

长毛兔的毛有一定的生长期，当兔毛长到一定时期时，毛根底部逐渐变细而脱落，新毛又开始生长，这种旧毛脱落、新毛生长的过程称为换毛。长毛兔的换毛分为年龄性换毛和季节性换毛，前者是指幼兔，后者是指成年兔。

仔兔初生时无毛，4～5日龄开始长出细细的茸毛，到30日龄细毛长齐，称为乳毛，以后开始年龄性换毛。生长发育正常的幼兔，第一次年龄性换毛是在30～100日龄，第二次年龄性换毛是在130～190日龄，6.5～7.5月龄以后，换毛与成年兔一样进入季节性。

在健康状况正常的情况下，成年兔每年春、秋两季各换1次毛。春季换毛在3～4月份；秋季换毛在8～9月份。长毛兔身体健康、新陈代谢旺盛、饲料营养丰富，兔毛生长得就快，换毛期就短；若长毛兔体质弱，新陈代谢水平低，或饲料营养不足，兔毛生长就慢，换毛期就长。

3. 影响兔毛产量和质量的因素 影响长毛兔产毛量的因素很多，有遗传方面的，还有环境影响方面的。应找准原因，排除制约因素，使产毛量和毛品质有所提高。

(1)遗传因素 不同品系的兔产毛性能和毛品质各不相同。德系兔产毛量最高，兔毛细而蓬松，粗毛含量低；法系兔产毛量中等，粗毛率高；英系和中系兔则产毛量较低，兔毛细而蓬松，粗毛率低。但近些年国内培育了一些新品系，其产毛性能很好，应继续提纯复壮，保持优良特性。

(2)年龄因素 长毛兔因年龄不同，兔毛的产量与质量也不相同。一般来讲，幼龄兔产毛量低，毛质较粗；随着年龄的增长，兔毛的产量和质量也不断提高，1～3 周岁的兔产毛量和毛品质达到最佳状态；3 周岁以后的兔，由于新陈代谢减缓，毛的产量与质量又随之下降。

（3）体重因素 在兔毛密度相近的情况下，体型大的个体体表面积大，载毛量大，毛产量就高；反之，体型小的个体体表面积小，载毛量小，毛产量就低。在长毛兔选种时，首先重视的是兔毛密度，在保证兔毛密度的前提下，尽量选择个体大的，这样才能获得良好的经济效益。

（4）性别因素 同品系或同种群的兔，一般母兔的产毛量高于公兔，阉割公兔的产毛量又高于未阉割的公兔。据生产中测定，母兔的产毛量比公兔高 15%～20%；阉割公兔的产毛量比未阉割公兔高 10%～15%。

（5）营养因素 长毛兔产毛量和毛品质好坏与饲料的营养水平有密切关系。有高产的遗传性，没有全价的饲料供给，也不能达到高产的目的。饲料中蛋白质丰富、品质好，氨基酸平衡，可以促进毛囊的生长，增加兔毛的直径，从而提高兔毛产量。

另外，饲料中含硫氨基酸水平对产毛量也有明显的影响，饲料中蛋氨酸、胱氨酸含量丰富，兔毛生长情况就好，产量和质量都能提高。

（6）季节影响 季节对长毛兔的产毛量和毛品质有明显影响。一般以冬季产毛量最高，毛品质最好；春季、秋季次之；夏季毛产量最低，毛品质最差。总的来讲，寒冷地区、寒冷季节有利于兔毛生长，且绒毛含量高；炎热的季节则可抑制兔毛生长，且粗毛比例增加。

（7）光照影响 光照可明显促进兔毛生长，提高毛产量。

生产实践中发现，在自然光照条件下饲养的长毛兔，其产毛量比长期光照不足条件下饲养的长毛兔产毛量要高15%～20%；合理人工光照条件下饲养的长毛兔其产毛量又比自然光照条件下饲养的长毛兔产毛量高30%～40%。

4. 提高兔毛产量的技术措施

(1)建立良种高产兔群 初建兔场引种一定要选择高产量的种兔，引进后逐代进行选种，形成一个高产的生产兔群。该兔群应以1～3周岁的兔为主体，建立后备兔群，超过3周岁的个体应及时淘汰，用后备兔及时补充。对不参与配种、产毛性能尚好的公兔要进行阉割，阉割后的公兔产毛量可提高10%～15%，经济效益也会大大提高。

(2)改善饲养环境 夏季兔舍要想尽一切办法将温度控制在30℃以下，有利于兔毛的生长；寒冷虽有利于兔毛生长，但冬季兔舍温度也不能太低，否则长毛兔的生命活动就要受到影响，最好将产毛兔群冬季生活环境的温度控制在－5℃～10℃之间，这样兔体内的生理活动不会受到影响，有利于兔毛生长。同时，冬季日照时数少，要注意补光。

(3)增加剪毛次数 生产过程中研究证明，长毛兔剪毛后的第一个月毛生长速度最快，第二个月毛生长速度次之，第三个月毛生长速度减慢。养毛期由91天改为61天，年总产毛量可提高20%～25%；养毛期由91天改为71天，年总产毛量可提高10%～15%。因此，在保证毛品质的前提下，缩短养毛期，增加剪毛次数，也是提高产毛量的一种措施。

(4)添加蚯蚓粉 蚯蚓粉含有丰富的蛋白质，还有很多特殊的物质，每只兔每天在饲料中添加1克蚯蚓粉，连续添加2～3个月，或每天每只兔饲喂6克蚯蚓干，可使产毛量提高10%左右。如果是新鲜蚯蚓，必须把蚯蚓剖开，洗去腹内泥土，剪成小段，用水煮后使用，也有明显的效果。

(5)添加含硫氨基酸 兔毛的生长需要足够的含硫氨基酸，据测定，兔毛中含硫氨基酸含量高达15%左右。在长毛兔日粮中每千克饲料添加0.1%～0.3%的蛋氨酸，使饲料中含硫氨基酸的含量达到0.6%～0.8%，则兔毛的产量可提高15%～27%；每天每只长毛兔添加胱氨酸20毫克，20天为1个疗程，停喂3天后再喂1个疗程，产毛量可提高6%～17%。

(6)添加血余素 血余素是毛发水解后浓缩制成的产物，很容易被消化吸收。在长毛兔的日粮中添加1克，连用60天，可使产毛量提高16.6%。也可以添加羽毛蛋白粉，能收到同样的效果。

(7)添喂生鸡蛋 每天每5只兔使用1个生鸡蛋，拌在饲料中加工成颗粒饲料用于饲喂，可以提高产毛量。

(8)添加微量元素 在长毛兔的饲料中添加1%复合微量元素，可提高产毛量20%左右，并能提高长毛兔的抗病力。复合微量元素的配比为硫酸锌30%，硫酸铜30%，硫酸亚铁33%，氯化钴7%，研成粉末备用。

(9)添加腐殖酸钠 3%～4%的腐殖酸钠溶液，每只兔平均每天用2毫升，喷在颗粒饲料上或饲草上喂服，可使兔毛产量增加20%。

(10)添加稀土元素 稀土元素是一部分化学元素的总称。最新研究结果证明，在饲料中添加0.03%～0.05%的稀土元素，可使产毛量提高8.5%～9%，而且可使优质毛比例提高43%～50%。

(11)添加沸石粉 在长毛兔日粮中每千克饲料添加10克沸石粉，连用3个月，产毛量可提高30%左右。

(12)添加维生素　长毛兔在剪毛后每天每只兔喂服畜禽用鱼肝油0.6～1.2毫升，连用20天，可提高产毛量10%左右；剪毛后每天每只兔注射维生素B_1 250微克，连用3天，或内服维生素B_1 1/4片，连用1个月，可提高产毛量15%。其原因是维生素B_1可提高长毛兔对蛋白质的利用率，促进兔体含硫氨基酸的代谢作用，使毛生长加速。

(13)添加松针粉　松针粉中含有19种氨基酸和丰富的胡萝卜素、维生素、微量元素和松针抗生素。在长毛兔饲料中添加1%～1.5%的松针粉，可使产毛量提高10%；用鲜松针代替15%～20%的青绿饲料，可提高产毛量10%～12%。

(14)添加艾叶粉　艾叶中含有多种维生素、氨基酸、无机盐，还含有水芹烯、侧柏醇、杜松油萜等。种子成熟期的艾叶粗蛋白质含量为13.6%，粗脂肪含量为4.4%，粗纤维含量为19.3%，无氮浸出物含量为45.7%，粗灰分为7.4%。在长毛兔饲料中按1.5%比例添加，幼兔日增重可提高18%，生产兔产毛量可提高7.5%～8.2%。

(15)添加土茯苓散　用30%土茯苓、30%蚕砂、30%畜用生长素、10%硫黄配制成的土茯苓散，在生产兔饲料中按3.5%添加，可使养毛期缩短3～5天，产毛量提高5%～6%。

(16)白酒涂擦催毛　长毛兔剪毛以后，用50°的白酒适量，加少量姜汁，用药棉蘸酒涂擦兔体，每日1次，连用3天，可缩短养毛期3～5天，提高毛产量5%～7%，催毛效果明显。

(17)药物擦身催毛　剪毛后用乙酰-L-蛋氨酸和L-酪氨酸配成0.2%溶液，涂擦兔体，每天1次，连用3～5天，效果明显。

(18)药浴催毛　在剪毛后10天内药浴，每天1次。药浴溶液配制方法有2种：一是用木槿、苦参各100克，加水2.5升，煎后过滤，滤液中加硫黄粉100克，再加入100℃热水5升，搅拌均匀，晾成温水时可供20只兔洗浴；二是用50升温水溶解晶体敌百虫150～200克，再加硫黄粉1 500克配成药液，供剪毛后的兔洗浴。2种药液效果相近，均可提高产毛量30％左右。

(19)植物油合剂擦身催毛 嫩姜50克捣汁，硫黄50克研成细粉状，豆油或其他植物油250毫升，混合调成合剂，对刚剪过毛的长毛兔先用脱脂棉蘸酒精擦身1次，然后涂擦植物油合剂，每10天涂擦1次，直到毛长长后不便涂擦时为止，可提高产毛量25％。

(20)去势提高产毛量 公兔去势后体内雄性激素锐减，变得安静、温驯，可使个体增大，毛生长速度加快，提高毛产量10％～15％。

5. 提高兔毛质量的措施

(1)单笼饲养 笼养长毛兔有利于提高兔毛品质，使毛色洁白，富有光泽，结块毛少；圈养的长毛兔臀、腹部毛多呈尿黄色，兔毛强度和伸长度都明显降低，块毛多、品质差。长毛兔一般在45日龄时就开始第一次剪毛，因此在45日龄后有条件的就可以单笼饲养。

(2)加强营养 长毛兔除了自身新陈代谢需要营养物质外，繁殖、长毛都必须有充足的营养物质。所以，如果营养物质供应不足，营养不良，则兔毛干枯，块毛多、品质差。

(3)搞好环境卫生 环境卫生对兔毛品质影响很大。笼舍清洁卫生，通风干燥，可以避免毛的污染，提高毛的品质；另外，饲养时要防止草屑、饲料、灰尘污染被毛；为了防止被毛受污染而缠结，要经常对长毛兔的被毛进行梳理，提高兔毛品质。

(4)合理采毛 要根据季节变化等因素合理确定采毛时间和采毛方法。在保证达到优级毛和一级毛的前提下，冬季可采取拔毛的方法，拔长留短，采集的多为优级毛。夏季可采用剪毛的方法，达到优级毛或一级毛标准时就一次剪光，有利于身体散热。

(5)兔毛保管要妥善 保管也是提高兔毛质量的措施之一。再好的兔毛保管不善，受潮霉变，或被虫蛀等，都会大大降低兔毛品质，销售价格也受到影响。采毛时均应实行分级采毛、分级存放、分级保管和分级运输，按"优级优价"、"次级低价"的原则处理，不要将优质毛同劣质毛混在一起，造成无法确定等级，只能按次级处理的情况。同时，还要注意以下几方面的问题。

①防压 兔毛在湿、热、压力之下容易缠结形成结块，影响质量。因此，剪下的毛或收购回来的毛，如不能马上出售的，应用木箱或纸箱存放，注意不要装得太多，挤压太紧，以免结块。为了保持兔毛的光洁度，最好用塑料薄膜或油光纸衬在箱内壁上。保管期间不宜多次翻动或用力揉搓，以免缠结。

②防潮 兔毛有吸湿性，所以一定要存放在通风、干燥的室内，遇到阴雨天、潮湿的季节，一定要注意防潮。兔毛吸湿变潮后，有利于微生物的繁殖和生长，会使兔毛变色、霉变。防潮措施为：将贮存兔毛的木箱或纸箱密封，密封前可在里面放一些吸湿剂；在兔毛存放室的墙角堆放一些生石灰，以吸收室内空气中的水分，降低室内空气湿度。

③防蛀 兔毛纤维的主要成分是角质蛋白，易受虫害，特别是吸湿后更容易被虫蛀。存放时可以在其中放些樟脑丸或其他防虫剂，放置时用纸或纱布包好，这样既可散发气味，又

不会沾在兔毛上。除采取以上措施外，要经常检查，夏季10～15 天检查 1 次，冬季 30～40 天检查 1 次，发现问题及时处理。

④防晒 兔毛不能长期处于日晒或高温条件下，否则毛纤维中的角质蛋白容易被氧化分解，产生氨或硫化氢，使兔毛变黄、变脆，降低品质。因此，即使兔毛受潮，也不能长时间在阳光下暴晒。而是应先在阳光下晒 1～2 小时，驱走潮气，然后在通风干燥处晾干。这样才不会使兔毛质量降低太多。

三、仔兔的饲养与管理

从初生到断奶之间，这一时期的兔称为仔兔。仔兔期通常分为 2 个阶段，即睡眠期和开眼期。仔兔由初生到 12 天睁眼，这一阶段为睡眠期；睁眼以后到断奶之间为开眼期。前一时期只吃母乳不采食，后一时期可以补充饲料。所以，这 2 个阶段的饲养管理措施是不同的。

（一）仔兔睡眠期的饲养与管理

1. 仔兔睡眠期的饲养要点

(1)让仔兔及时吃到初乳 初乳即母兔产后 1～3 天内分泌的乳汁，与以后分泌的常乳相比营养更丰富，蛋白质含量更高，还含有仔兔生长发育所需要的免疫球蛋白、多种维生素和镁盐。让仔兔尽快吃到初乳有以下几方面的好处。

一是初生仔兔胃肠壁上未形成完整的黏膜，对细菌的防御能力较弱，初乳浓稠，可附在胃肠壁上，有效地防止细菌通过胃肠壁进入血液，提高仔兔对细菌的抵抗力。

二是初乳中含有溶菌酶和抗体，酸度也比较高，能杀死多种病菌或抑制病菌的活力，不利于病菌的繁衍。

三是初乳中的镁盐有轻泻作用，有利于胎粪排出。

四是初乳营养丰富，蛋白质、脂肪的含量高，比常乳高1倍，维生素、微量元素含量也比常乳高得多，仔兔尽早吃到初乳、吃足初乳，会加快其生长发育，使其体质健壮，生命力强，增重快。如果吃不到初乳，或初乳不足，仔兔生长发育缓慢，且体弱多病，死亡率高。

(2)人工强制母兔哺育仔兔 经产的成年母兔通常性情比较温驯、母性强，可自行哺育仔兔，不需要饲养员协助。但初产母兔，或是母性不强的母兔，不能正常哺育仔兔，这时饲养员就应用强制手段使其哺育仔兔。方法是：把母兔提起，将腹部毛拔掉，用温热毛巾按摩乳房，然后将母兔放入仔兔箱中。饲养员抓住母兔的双耳和背部领皮，使其安静，将仔兔拢在母兔的乳头旁边，使每只仔兔都能自由地吃上奶。操作过程中必须耐心细致，动作缓慢，使母兔无痛苦感。

(3)调整寄养仔兔数量 母兔一般只有4对乳头，而每胎产仔有多有少，产仔多的每胎可达10多只，在这种情况下不仅乳汁不能满足仔兔需要，而且体质差的仔兔会因抢不到乳头，吃不上奶，而造成营养缺乏，甚至引起死亡。而有的母兔胎产仔数只有3～5只，仔兔会因吃得过饱而消化不良，甚至引起腹泻；母兔会因乳房胀满，血液流通受阻而发生乳房炎。因此，必须根据母兔产仔多少，对仔兔进行调整饲养，使每只母兔都承担适量仔兔的喂养任务，也使每只仔兔都能吃到充足的乳汁。具体有以下4种方法。

①代养 母兔产仔数超过8只、母兔产后无乳、母兔产仔后患乳房炎，不能正常哺育仔兔者，需要其他产仔母兔给其代养仔兔。代养母兔产仔时间必须与被代养仔兔出生时间相

近，前后不得相差5天。饲养员先用清水洗手，不能用香皂等有香味的去污剂，因为母兔嗅觉非常灵敏，被代养的仔兔身上若有异味，代养母兔分辨出来，就会把异窝的仔兔叼出去不予带养。甚至将其咬死。饲养员应用代养母兔窝内的垫草或其窝内仔兔的粪尿涂擦在被代养仔兔身上，然后将其放入代养母兔窝内，与其他仔兔放在一起。

仔兔代养必须注意以下几方面问题：一是供仔母兔、代养母兔、代养仔兔必须是健康的；二是所选择的代养母兔必须乳汁充足；三是代养母兔窝内仔兔数合计不超过8只。

②"一分为二"哺乳法　产仔母兔乳汁很充足，但胎产仔数也多，仔兔数超过乳头数，因此总有仔兔吃不到奶，导致其发育迟缓，整窝发育不整齐。这时如找不到合适的代养母兔，应采取定期、分批人工辅助喂奶的方法。将仔兔按强弱、大小分成2部分，分别放在2个产仔箱内，每天定时进行1次人工辅助哺乳。通常在早晨6时和下午18时捉住母兔分别给2窝仔兔喂奶。实践证明，仔兔每天只要吃足1次奶，即能正常生长发育。利用这种饲养方法，1只健壮的母兔，在乳汁充足的情况下，1次带12～14只仔兔，仔兔生长发育仍然很好。采取这种饲养方法，应加强对母兔的饲养，供给充足的青绿饲料、多汁饲料和精饲料，使其增加泌乳质量和数量。同时，要对仔兔尽早补饲。

③人工喂养　如遇到产仔母兔无奶、患乳房炎或母兔产后死亡等情况，且无合适的母兔代养仔兔，这时就必须采用人工喂养的方法。哺乳器可用注射器、小瓶等代替。用注射器时，只需在注射器插针头的地方插1段细胶皮管即可。初生后5天内的仔兔最好用鲜牛奶或鲜羊奶，稀释1～1.5倍，煮沸3分钟，晾至39℃～40℃时再喂，每天喂1～2次。5天以

后可用奶粉、豆浆加鸡蛋黄，浓度通过观察仔兔排便情况来判断决定。如果粪便多而腥臭，说明喂量过多，需要减量；如果窝内垫草非常潮湿，说明尿多，再喂时可以调浓一些。

④喂偏食　有时一窝仔兔初生体重相差较大，如果不人为照顾弱仔，最后弱仔可能死亡。有经验的饲养员会采取给弱仔吃偏食的方法，使其加速生长，达到与其他兔相近的体重，使整窝仔兔发育一致，成活率提高。具体做法是：每次母兔喂奶时，先让弱仔兔吃，再让强仔兔过来一起吃；或者每天让强仔兔吃 1 次奶，而让弱仔兔吃 2 次奶，一般 7～10 天弱仔兔就可达到与强仔兔相近的体重，此后就不再给原来的弱仔兔吃偏食了。

⑤弃仔　若母兔产仔数在 8 只以上，且母兔的泌乳力一般，又找不到代养母兔，可以选择个体小的仔兔抛弃几只，把较强的仔兔留下，但留下的仔兔数不要超过 8 只。生产实践证明，仔兔初生重在 35 克以下的，死亡率可达 100%；仔兔初生重在 40～50 克的，死亡率在 45%左右。因此，应把那些个体小的弃去，使有限的乳汁满足强仔兔的需要，保证其发育良好，成活率高。

2. 仔兔睡眠期的管理要点

(1)保暖防冻　刚出生的仔兔全身无毛，大脑皮质发育不完善，体温调节系统没有完全形成，不能维持体温恒定，环境温度过高或过低对仔兔都有不良影响，特别是寒冷对仔兔会造成严重威胁。因此，寒冷的冬季要做好防寒保暖工作。一是要设立仔兔培育室，室内温度保持在 20℃～25℃，这样仔兔窝内的温度可以保持在 35℃～37℃。如果农户饲养数量小，没有能力设育仔室，可在产仔箱内悬挂灯泡加温，以 25 瓦为宜，靠灯泡的热量供仔兔取暖；也可在产仔箱 4 个角内侧各放1个温水瓶，或箱的两边各放1个热水袋，温水瓶或热水袋与仔兔之间用垫草隔离，以免烫伤仔兔，这样不断地换热水也可以达到供暖的目的。另一方面是在产仔箱里放置保温性能好、吸湿性强的垫草、垫料，如压软的麦秸、稻草、木工刨花等。产仔箱底放一层隔热保暖材料，如泡沫塑料等。把垫草、垫料整理成四周高、中间低的形状，以便仔兔集中到窝的中心，相互依偎在一起取暖。上面盖上兔毛或棉垫，能起到很好的保暖作用。

(2)做吮乳检查 一般情况下，母兔产完仔1～2小时就要给仔兔喂第一次奶。因此，在母兔产后5～6小时必须检查母兔哺乳情况，看仔兔是否吃到、吃饱初乳。在产仔箱内安静睡觉、腹部滚圆、皮肤红润而有光泽，胃内充满白色乳汁的，都表示仔兔已经吃饱。如果仔兔在产仔箱内蠕动不安，到处乱爬，腹部塌陷，皮肤皱褶无光泽，用手触摸仔兔时，其头向上仰起，发出"吱、吱"的叫声，则是没有吃饱的表现。这时应及时查找原因，及时采取有效措施。若是母兔无奶或奶汁不足，应及时催奶；若是母兔有乳房炎，应及时对仔兔进行代养；若是母兔母性不强，应人工强制喂奶。

(3)强化产仔护理工作 母兔产仔后如果供水不及时，会因口渴或饥饿而出现咬死或吃掉仔兔的现象。所以，母兔到了产仔期，饲养员要昼夜观察，不管何时产仔，都必须有饲养员在场护理。产仔前要给母兔供应充足的淡盐水让其自由饮用，防止产后口渴；产仔后要及时喂给温热的红糖水，一方面补充水分，另一方面增加营养，起到催奶作用。

为了防止母兔产后出现乳房炎或其他感染，产仔后1天内给母兔注射1支产后康或用青霉素40万单位、链霉素40万单位一次性注射。也可用磺胺嘧啶口服，每日1克，连用3

天，都能收到良好效果。

对产出的仔兔要进行观察，死胎应及时捡出，以防被母兔吞食，诱发吞食活仔兔现象。同时应备好柔软干净的毛巾、擦净仔兔口、鼻上可能沾上的羊水和血污等，防止堵塞口、鼻而窒息。

(4)防止仔兔吊奶 吊奶现象是由于母兔乳汁不足，仔兔吃不饱，较长时间吸住母兔乳头不放松，母兔离开产仔箱时，将吸着乳头的仔兔带出产仔箱外；或母兔正在哺乳时受到惊吓，突然离开产仔箱，将正在吃奶的仔兔带出产仔箱外。仔兔吊奶是养兔场经常发生的现象，也是仔兔早期死亡的主要原因之一。因为仔兔体温调节系统没有完全形成，被吊到产仔箱以外，饲养员若不在场，时间长了就会被冻死或被母兔踩死，如落到笼底缝隙内也会被卡死。因此，管理仔兔时应特别注意，发现吊奶应及时处理。

在寒冷季节发现仔兔吊奶，如尚未被冻死，应及时抢救。饲养员应立即将冻僵的仔兔放在胸前，用体温使其苏醒；或将其放入38℃左右的温水中，头露出水面，待仔兔开始蠕动，发出“吱、吱”的叫声后，将其提出擦去体表的水分再放回窝内。农户养兔出现吊奶冻僵的仔兔，可把它们放在温暖的灶台上、炕上催醒，或用热毛巾包住催醒；也可将吊奶仔兔用布包住，头露在外面，放在装有40℃～45℃的温水袋上催醒。一般情况下，如抢救及时，10分钟左右便可苏醒，不会有生命危险。

如果吊奶仔兔出现窒息，身体还未僵硬，说明仍有救活的可能，应立即进行人工呼吸。具体方法是：将仔兔用手握住，待体温回升后，使其头朝手指方向，背对手心，不断地、有节律地伸展手掌，经过10多次后，仔兔即能恢复呼吸功能。

发现仔兔吊奶应查明母兔缺乳原因，及时采取措施。

(二)仔兔开眼期的饲养与管理

1. 仔兔开眼期的饲养要点 仔兔睁眼在产后 12 天左右,睁眼时间的早、晚与仔兔发育好坏及健康状况有关。仔兔生长快、发育好、身体健康的,睁眼就早;反之睁眼就迟。

仔兔睁开眼睛后就十分活跃,开始在产仔箱中活动,数日后就会跳出产仔箱外,称为出巢。出巢的早晚与母兔乳汁是否充足有关,母兔乳汁充足的出巢早,母兔乳汁不足的出巢迟。出巢后的仔兔活动量大,体重也增长较快,对营养物质的需要量越来越大,母兔的乳汁逐渐不能满足仔兔的需要,这时仔兔又不能采食饲料,所以常常表现饥饿,紧跟母兔吮乳,所以这一段时期又称追乳期。这一时期由于仔兔追乳,使母兔终日不得安歇,不但影响母兔的休息和采食,而且影响母兔体质的恢复。

开眼期仔兔饲养时要认真做好仔兔的早期补饲,使补饲和断奶平稳过渡,保持仔兔健康,提高仔兔成活率。

(1)及时开食,抓好补饲 仔兔睁眼后生长发育很快,单靠吃奶不能满足其营养需要,因此在 18 日龄时就要开始给其补饲。由于仔兔消化能力差,所以要补饲易消化的饲料,青绿饲料要投一些苦荬菜叶、车前子叶、蒲公英叶、胡萝卜丝和其他嫩草叶;另外还要补一些奶粉冲剂或鲜奶、葡萄糖溶液或红糖水等。补饲时要少量多次,青绿饲料、精饲料和饮剂每天饲喂 3 次。20 日龄以后以全价配合饲料为主,饲料配方为:玉米粉 57%,麦麸 23%,黄豆饼粉 5%,花生仁饼粉 5%,蚕蛹粉 6%,鱼粉 2%,骨粉 1.5%,食盐 0.5%。每千克饲料另加复合酶 1.7 克,大蒜素(折合纯粉)0.15 克,酵母 10 克,陈皮粉 10 克,氯苯胍 0.03 克,既有助消化、消炎灭菌、预防球虫的作用，又有调理胃肠道的作用，有利于提高仔兔体质，促进生长。仔兔补饲每次喂量不能大，只能喂八成饱，待下次喂料时才会食欲旺盛。

(2)药物保健 仔兔开食后应及时给仔兔滴喂甘草合剂，配制方法为：甘草水100毫升，加红糖10克、葡萄糖5克、复方敌菌净50毫克、禽特灵0.5克，每日2次，每次每只滴喂2毫升，连用3～5天。

每千克精饲料中加入硫酸铜0.2克、土霉素0.3克、乳酶生4克，连喂30天可以帮助消化、防止腹泻。

将党参、黄芪、白术、陈皮、苍术、山楂各1.5份，车前草、大青叶、白头翁、甘草各1份，混合晒干、粉碎备用，每千克仔兔饲料添加40克，连喂30天，发病率可降低60%。

(3)定时哺乳和补饲 自然条件下母兔给仔兔喂奶每天1次，一般在早晨。饲养员可以根据这一规律在早晨8时以前给仔兔喂1次奶，10时以后给仔兔补喂1次青绿饲料，中午12时给仔兔补1次精饲料，15时给仔兔补1次青绿饲料或多汁饲料，晚上18时再补1次精饲料，晚上21时再补1次青绿饲料或多汁饲料，0时最后补1次精饲料。

也可以每天给仔兔喂奶2次，20日龄以前每天喂2次，早晨8时以前1次，晚上18时1次；20日龄以后每天喂奶1次，每天8时以前喂完。饲养员可以根据这一时间安排给仔兔补饲。补饲时青绿饲料和精饲料要分开投喂，使其形成消化规律。

2. 仔兔开眼期的管理要点

(1)经常检查仔兔发育情况 仔兔增重快、耳朵红润者为营养良好、身体健康的表现；体重偏小、生长缓慢、耳色暗淡者为营养不良、发育不好、身体不健康的表现。所以，对仔兔要定期检查、定期称重，检查仔兔生长发育情况，如果出现体重增长缓慢、被毛蓬乱且无光泽、耳色暗淡者，应及时查找原因，或者给母兔补饲料，或者给仔兔调整补饲配方。

(2)保持环境和饲料的卫生 仔兔16日龄左右就开始出现觅食行为，在笼内到处嗅闻、乱舔。由于这时的仔兔味觉和嗅觉还很不灵敏，所以有时会吞食母兔的粪便或被粪便污染的饲草，把球虫卵囊或肠道致病菌吃进腹内，早期感染球虫病或肠道其他疾病。仔兔睁眼后不管单独饲养还是和母兔同笼饲养，都必须经常保持环境清洁卫生，笼具、食槽、水槽清洁卫生。及时清理笼内粪便和被粪便污染的饲草。要定期消毒，经常更换垫草和垫料，清理窝箱，为仔兔创造清洁卫生的环境。

(3)适时断奶 仔兔断奶以前应将断奶后仔兔所需的笼、食槽、水槽或自动饮水器准备好，并进行彻底消毒。配制好断奶后仔兔所需要的饲料，在断奶前几天补饲时就要逐渐减少原来的日浪，增加准备换上去的日粮，以免仔兔断奶后由于突然更换饲料而引起消化不良，甚至腹泻。

35日龄仔兔发育良好就可以断奶。断奶不能过早也不能太迟。断奶过早由于仔兔消化系统发育还不完善，对饲料的消化能力弱，容易出现生长发育迟缓。在没有采用特殊技术措施的条件下，断奶越早，仔兔的死亡率愈高。但仔兔断奶过迟不仅影响母兔健康，还影响母兔繁殖的胎次。在一般情况下，仔兔断奶在35日龄前后，如果季节适宜仔兔生长发育好或对母兔实行频密繁殖的，可以在28～30日龄时断奶。但断奶后应加强对仔兔的饲养管理。

仔兔断奶时要视全窝仔兔生长发育情况而定。全窝仔兔生长发育大小一致、体质健壮的，可采取一次性断奶法，即在同一时间内把母兔和仔兔分开饲养。如果仔兔生长发育情况不一致，强弱有差异，可采取分批性断奶法，即先将个体大、健壮的仔兔分出去饲养，体质弱的仔兔让母兔继续哺育几日，健康状况好转时再分出去饲养。

断奶时移走母兔，将全窝仔兔留在原窝内饲养数日后，再转入幼兔舍饲养，这样可以减少由于环境变化与断奶同时进行对仔兔的刺激，避免产生应激反应。

断奶的同时要对仔兔编号，打上耳号或耳标，并进行登记。

母兔断奶后的2～3天应减少精饲料和多汁饲料喂量，多喂些优质青干草，少喂青草，待收奶后再恢复精饲料的用量，这样可以防止乳房肿胀、血液流通受阻而引发乳房炎。同时可在断奶后的2～3天内在母兔饲料中加喂一些抗生素和磺胺类药物，以防止发生乳房炎。

(4)适当加强运动　两排兔笼之间要保持1.8米以上的距离，用以设立仔兔运动场。每个运动场用竹片或柳条编成围栏，直径1米左右，高0.8米左右，也可用硬塑料薄板等围成。围好后在运动场内铺3厘米左右厚的垫草或垫料，即可将24～35日龄的仔兔以窝为单位放入每个运动场中，每天在运动场内活动5～6个小时，这样的仔兔分窝后很健康，成活率高。但一定要注意防止鼠、黄鼠狼等敌害进入运动场。

四、幼兔的饲养与管理

幼兔是指从断奶到3月龄的兔。这一阶段的兔最难饲养，特别是断奶后15天以内，是一个死亡高峰期。原因有以下几点：一是刚断奶的幼兔生长快、贪吃，但胃肠容积小，胃肠壁薄，消化能力弱。而且此阶段是由断奶前的吃奶和吃部分植物性饲料，转变为全部吃植物性饲料，胃肠还不太适应，容易出现消化不良和消化道疾病。二是有些饲养场(户)在仔兔断奶时马上把仔兔转入新笼，环境发生变化，再加上饲料改变及防疫注射等多种因素，使幼兔产生应激反应，抵抗力下降。三是断奶后进入第一个换毛期，体质弱，体能消耗大，抗病能力差。四是此阶段是一生中生长发育最快的时期，在良好的饲养管理条件下，日增重可达 35～45 克，此时若不重视饲料营养，不能给幼兔提供全价饲料，则很容易导致死亡。五是幼兔神经系统发育不健全，神经调节不完善，特别胆小怕惊，对环境适应能力差，受到惊吓容易炸群，全舍幼兔乱跳乱撞，轻者影响食欲，重者撞伤导致死亡。因此，幼兔期的饲养管理，不仅影响幼兔的生长发育及成活率，而且影响良种培育和生产兔群的质量，应给予高度重视。

(一)幼兔的饲养要点

1. 要提供优质饲料 断奶后的幼兔消化能力弱，但生长快，需要大量的营养物质，所以给幼兔的饲料必须是适口性强、易消化、营养丰富的。参考饲料配方如下。

(1)配方Ⅰ 玉米 20%，麦麸 26%，豆饼 10%，花生仁粕 7%，鱼粉 3%，草粉 30%，活性酵母 3%，食盐 0.5%，蛋氨酸 0.2%，赖氨酸 0.3%。配好后每千克饲料中加大蒜素(折合纯粉)0.15 克，陈皮粉 10 克，复合酶 1.7 克，复合维生素 0.5 克，复合微量元素 0.5 克。

(2)配方Ⅱ 大麦 15%，玉米 18%，四号粉 10%，豆饼 15%，菜籽饼 5%，蚕砂 8%，青干草粉 12%，豆秸粉 15%，骨粉 1%，蛋氨酸 0.2%，食盐 0.3%，复合维生素 0.3%，复合微量元素 0.2%。配好后每千克饲料中另加大蒜素(折合纯粉)0.15 克,氯苯胍 0.03 克,复合酶 1.7 克。

(3)配方Ⅲ 玉米 25%,麦麸 20%,四号粉 10%,豆饼 12%,花生仁粕 4%,菜籽粕 4%,松针粉 5%,豆秸粉 10%,花生秧粉 8%,骨粉 1.5%,蛋氨酸 0.2%,食盐 0.3%。配好后每千克饲料中另加大蒜素(折合纯粉)0.15 克,酵母 2 克,陈皮粉 10 克,辣椒粉 5 克。

(4)配方Ⅳ 小麦 15%,玉米 15%,麦麸 20%,豆饼 10%,花生仁粕 5%,菜籽粕 5%,松针粉 5%,米糠 10%,花生秧粉 13%,骨粉 1.5%,蛋氨酸 0.2%,食盐 0.3%。配好后每千克饲料中另加大蒜素(折合纯粉)0.15 克,陈皮 10 克,辣椒粉 5 克,酵母粉 2 克。

给幼兔饲喂按以上配方加工的颗粒饲料的同时,每天还应再投少量的青草或多汁饲料。

2. 助消化,防腹泻 刚断奶 7～10 天的幼兔消化能力弱,对植物性饲料不太适应,加上贪吃,容易出现消化不良,严重者出现胃肠疾病,导致严重腹泻而死亡。因此,在饲养上除了供给优质的、易消化的饲料外,还要添加帮助消化的药物和预防肠道炎症的药物。如在饲料中加入酵母片每天每只 0.5 克,大黄苏打片每天每只 0.5 克,乳酶生每千克体重每天 1 片,可以帮助消化;也可取陈皮粉 1 份,干生姜 1 份,山楂 1.5 份,麦芽 1.5 份晒干后磨成粉状,每天每只幼兔饲料中添加 5～7 克,可预防胃肠炎;在加入助消化药物的同时,每千克饲料中加入土霉素粉 0.2 克或氟哌酸 0.3 克,也可起到预防胃肠炎的作用;每千克饲料中加入大蒜素(折合纯粉)0.15 克,生姜粉 10 克,陈皮粉 10 克,可以帮助消化、预防肠炎,并有促进生长的作用;取山楂 20 克,麦芽 20 克,鸡内金 10 克,陈皮

10克，苍术10克，石膏10克，板蓝根10克，干大蒜片10克，干姜片10克，混合晒干粉碎，在幼兔的饲料中添加1%，可以促进生长，降低发病率。

另外，还可自制中药添加剂，取党参、黄芪、白术、陈皮、苍术、山楂各1.5份，车前草、大青叶、白头翁、甘草各1份，混合晒干粉碎。每千克配合饲料中加40克饲喂幼兔，可以助消化、防止胃肠炎发生。试验证明，使用该添加剂，可降低发病率60%，生长率提高50%以上。

取野菊花、艾叶、黄连、苦参、金银花、山楂、陈皮各1.5份，神曲、白头翁、大青叶各1份，混合晒干粉碎后，于混合料中按1.5%添加，连用7天，停药15天后再用药7天，如此连续使用3个月，不仅可以降低幼兔发病率，还能促进幼兔生长。

再者，在寒冷的冬季，于幼兔饲料中添加3%的油脂，可增加幼兔的抗寒性，降低发病率，促进生长，提高幼兔成活率。

3. 饲喂时要定时定量 幼兔新陈代谢旺盛、贪吃，但消化能力比较弱，所以饲喂时应做到定时定量，每天饲喂4～5次，其中混合精料2次，青绿饲料或多汁饲料2～3次。饲喂时间要固定，而且每次投饲量要一致，不能忽多忽少。这样才能使幼兔消化有规律、消化力强，不会出现消化不良。

（二）幼兔的管理要点

1. 逐渐分群 刚断奶的幼兔不宜马上分群，否则会使幼兔产生应激反应，食欲减退，从而影响生长。最好先把母兔移出，让全窝仔兔仍在原笼内生活。在幼兔2月龄以后、接近性成熟之前，应把幼兔按公、母分开饲养，避免公、母兔早配。3月龄前后再每只分开单笼饲养。

2. 保持良好的生活环境 幼兔期生命力还比较弱，需要给它们创造良好的生活环境。一是幼兔舍内温度要适宜，必须保持在20℃以上，并且温度要相对稳定，不能忽高忽低，昼夜温差不能超过3℃。二是要保持兔舍内干燥、清洁卫生，相对湿度应在55％～65％之间。三是幼兔舍要通风换气，保持空气新鲜。否则舍内不通风，长期积尿，分解出的氨气刺激幼兔呼吸道和肺部，会出现烂肺现象，死亡率很高。四是要保持兔舍安静，饲养员进入幼兔舍要穿工作服，其他人员不得随便进入，因为幼兔对特异的颜色、气味、声音都非常敏感。饲养员打扫卫生、添草、添料时都要轻手轻脚，不要造成大的声响，以免幼兔受惊。

3. 保证供给清洁的饮水 水是幼兔体内新陈代谢不可缺少的物质，幼兔代谢旺盛、生长发育快，需水量也很大。所以，要给幼兔提供充足的饮水。一般情况下，冬季每天给幼兔饮1次温水；春、秋季气温适宜的季节里，每天至少要给幼兔饮2次水；夏季高温情况下，要供给新鲜清洁的饮水，使其自由饮用。

4. 要做到"二看三勤六不喂" 为保证幼兔的健康，管理上要做好以下工作。

(1)二看 看粪便、看天气变化。粪便硬或气候干燥时，要少喂粗干饲料，多喂青绿饲料和多汁饲料，饲喂粉料时要调湿一些。粪便稀软或阴雨季节时，要多投粗干饲料，少给青绿饲料和多汁饲料，饲喂粉料时要调干一些。

(2)三勤 要勤打扫兔舍、笼舍和周围环境卫生；勤投喂青草；每天勤检查幼兔的健康状况，做到四观察，即观察粪便形状、干湿度；观察幼兔神态是活泼还是呆滞；观察幼兔进食情况是否正常；观察眼、鼻、嘴、爪有无炎症。

(3)六不喂　露水草不喂；腐烂变质的饲料、饲草不喂；水分大的饲料不喂；带泥浆的饲草不喂；有异味的饲料、饲草不喂；隔夜饲料不喂。

5. 做好疫病防治工作　坚持消毒、防疫注射和投药相结合的方针，对断奶后的幼兔 40 日龄时注射 1 次兔瘟、兔巴氏杆菌、兔魏氏梭菌三联疫苗，每只注射 2 毫升。60 日龄时再以同样剂量强化注射 1 次，以后每半年按时注射 1 次；18 日龄注射大肠杆菌疫苗，以后每半年按时注射 1 次。仔兔在 18 日龄补饲时，每千克饲料加入氯苯胍 0.3 克，连用 45 天，停药 15 天后，再添加其他抗球虫药饲喂 15 天，可以预防球虫病。另外，春、秋季节要预防口腔炎、感冒等。

6. 防除敌害　幼兔自卫能力差，老鼠、黄鼠狼、蛇等都容易咬死幼兔，所以应特别注意防范这些敌害，尤其是山区里的兔场更应注意这方面的工作。防除敌害的措施可因地制宜，比如在幼兔舍安装纱门、纱窗，这样夏季打开门窗通风时，敌害也不容易进入。

7. 剪好头刀毛　幼兔 2 月龄时就要进行第一次剪毛，这次是把乳毛全部剪掉。剪毛可以刺激毛的生长，健康的幼兔剪毛后新陈代谢旺盛，采食量增加，生长发育加速，新生的毛品质也很好。体质弱的幼兔第一次剪毛的时间可适当推迟，如断奶后很快剪毛往往会带来不良后果，甚至引起死亡。幼兔第一次采毛以剪毛为佳，不能采取拔毛的方法，因幼兔皮肤嫩，拔毛不仅易损伤皮肤，而且还会影响成年后兔毛的密度和生长速度。对剪完头刀毛的幼兔要加强护理，精心喂养，冬季和早春季节剪毛后要把幼兔放在温暖的室内饲养，否则会引起感冒。

五、育成兔和生产兔的饲养与管理

长毛兔3月龄性成熟后就开始进入一个新的生理时期，从性成熟到初配这一阶段的兔称为青年兔。在4月龄之后要对公、母兔进行1次综合鉴定，根据外形、生长发育速度、产毛性能等进行选择，把生长发育优良、健康无病、产毛性能好、符合种用要求的选为后备种兔，也称育成兔；次于后备种兔的，编为产毛兔群；劣等的一律淘汰。

（一）育成兔的饲养与管理

育成兔即后备种兔，已达到性成熟，各生理系统发育已基本完善，又是青年期经过选择的兔，所以抗病力已大大增强，死亡率较低，是长毛兔一生中最容易饲养的阶段。

1. 育成兔的饲养要点 育成兔的饲料应以青粗饲料为主，精饲料为辅，每天每只育成兔应喂给青粗饲料500～600克，配合精料50～70克。按这一数量可以将精饲料和粗干饲料加工成配合颗粒饲料，每天投喂100～150克，配合饲喂青草500克左右。5月龄以后，要减少精饲料中能量饲料的用量，增加粗蛋白质的用量，防止过肥，影响种用价值。另外，育成兔阶段肌肉、骨骼生长迅速，应注意无机盐类的补充。参考饲料配方如下。

(1)配方Ⅰ 玉米8%，麦麸10%，大麦14%，豆饼8%，花生仁粕5%，菜籽粕5%，松针粉5%，豆秸粉25%，青干草粉17.5%，骨粉1.5%，蛋氨酸0.2%，食盐0.3%，复合维生素添加剂0.3%，复合微量元素添加剂0.2%。

(2)配方Ⅱ 玉米10%，大麦10%，麦麸10%，四号粉

10%，蚕砂 5.5%，豆饼 10%，菜籽粕 4%，花生仁粕 4%，松针粉 5%，花生秧干粉 20%，青干草粉 9%，骨粉 1.5%，蛋氨酸 0.2%，食盐 0.3%，复合维生素 0.3%，复合微量元素 0.2%。

(3) 配方Ⅲ　玉米 10%，稻谷 10%，小麦 10%，麦麸 15%，豆饼 10%，花生仁粕 4%，菜籽粕 5%，蚕砂 5%，青干草粉 29%，骨粉 1%，蛋氨酸 0.2%，食盐 0.3%，复合维生素 0.3%，复合微量元素 0.2%。

(4) 配方Ⅳ　玉米 10%，大麦 10%，麦麸 28%，统糠 20%，草籽粉 5%，松针粉 5%，骨粉 1.5%，蛋氨酸 0.2%，食盐 0.3%，豆饼 12%，菜籽粕 8%。

2. 育成兔的管理要点

(1) 分舍单笼饲养　育成兔公、母兔要分开饲养，做到 1 兔 1 笼，防止早配滥配。而且公兔和母兔对光照时间和光照强度的要求不同，因此分舍饲养可根据它们所需要的光照要求进行补光。

(2) 加强种公兔的培育　目前饲养的长毛兔属于大体型品种，种公兔配种都应在 8 月龄以上。但是，为了加强对种公兔的培育，可从 6 月龄开始，训练种公兔进行配种，一般每周安排其交配 1 次。提早训练的种公兔，可以提高其早熟性，并增强性欲，一旦正式投入使用，配种能力很强。但需注意的是，训练时要选择正值发情旺期、性情比较温驯的壮年母兔，以提高交配成功率。

(二) 生产兔的饲养与管理

长毛兔饲养场除了要有一个良种核心群外，还要有以产毛为主的生产兔群。兔毛产量的高低除了遗传因素外，性别、年龄、营养状况和气候等条件都影响产毛量。因此，生产兔群的饲养管理水平直接影响其生产水平，必须引起重视。

1. 生产兔的饲养要点 优良长毛兔每天兔毛生长的长度为0.7～0.8毫米，如果饲料营养水平高、各种营养物质搭配合理，就能充分发挥其产毛潜力，产毛量就高。现将生产兔饲料配方列举如下，以供参考。

(1)配方Ⅰ 玉米15%，麦麸28%，豆饼8%，花生仁粕5%，菜籽粕5%，青干草粉12%，豆秸粉20.5%，松针粉5%，骨粉1%，蛋氨酸0.2%，食盐0.3%。

(2)配方Ⅱ 玉米10%，小麦全粉10%，麦麸20%，豆饼8%，花生仁粕5%，菜籽粕5%，花生秧粉25%，杂干草粉15.5%，骨粉1%，蛋氨酸0.2%，食盐0.3%。

(3)配方Ⅲ 玉米10%，麦麸20%，四号粉15%，豆饼5%，花生仁粕8%，菜籽粕5%，花生秧粉20%，蒜秸粉10%，松针粉5.5%，骨粉1%，蛋氨酸0.2%，食盐0.3%。

(4)配方Ⅳ 玉米15%，稻谷粉10%，麦麸15%，小麦全粉7%，豆饼10%，菜籽粕8%，统糠18%，青干草粉8%，松针粉4%，蚕砂3.5%，骨粉1%，蛋氨酸0.2%，食盐0.3%。

2. 生产兔的管理要点

(1)及时淘汰老年兔 长毛兔在3周岁以前兔毛的生长速度随年龄的增长而增长，3周岁以后随年龄的增长而减缓，所以要及时淘汰3周岁以上的个体，建立以壮年兔为主体的生产兔群。

(2)建立以母兔为主体的生产兔群 生产实践证明，毛的生长速度母兔高于公兔，去势的公兔高于不去势的公兔。因此，应不断调整生产兔群的性别比例，以母兔为主体。对不能作为种用、产毛性能尚好的公兔也应编入生产群，4月龄以后及时去势，既方便管理，又提高产毛量。

(3)创造适宜的环境条件　生产实践证明，在饲料营养全价而充足的条件下，寒冷可以刺激兔毛加速生长。在暖温带和北亚热带北部地区，冬季采毛量明显高于夏季，所以冬季利用开放式或半开放式的兔舍将生产兔养在室外，有利于兔毛的生长。但在冬季夜间温度低于－30℃的地区就不能露天饲养了，这些地区冬季还应注意保温工作。

夏季炎热，兔毛生长缓慢，可将生产兔饲养在半地下式的兔舍里，其舍内温度比地上兔舍低，对兔毛生长的不利影响较小。

六、种兔的饲养与管理

种兔既承担繁殖任务，又承担产毛任务，体质消耗较大，因此对种兔的饲养管理应更加重视。

(一)种母兔的饲养与管理

种母兔承担着繁殖和产毛的双重任务，而且繁殖的任务比种公兔重得多，特别是在妊娠、产仔和哺乳期，营养消耗很大，更应加强饲养管理，否则会严重影响母兔的繁殖力和产毛量。

1. 种母兔的饲养要点　种母兔的繁殖过程分为空怀期、妊娠期和哺乳期，不同时期有不同的生理特点，并有不同的生理需要。

(1)空怀期的饲养要点　母兔空怀期是指前一窝仔兔断奶分出，到下次配种妊娠之间的这段时间，少则十天半月，多则2～3个月。这段时间母兔的饲养原则是断奶前几天继续饲喂与哺乳期饲料营养水平相同的饲料，断奶后的1～3天投饲量要小，以免继续分泌过多的乳汁使母兔乳房胀满，引发乳房炎；4～10 天增加饲料量，使母兔尽快补充哺乳期体内营养物质的消耗，恢复体质，以免影响下一次发情、交配和妊娠。这段时间的长短以母兔膘情而定，膘情好的要减少饲喂高营养饲料的时间，膘情差的则应增加。膘情恢复后应按空怀期的饲养标准，或降低配合饲料营养水平，或以青粗饲料为主适当搭配精饲料，以使母兔在空怀期达到八成膘，防止过肥影响发情和妊娠。

对过肥的空怀母兔应减少精饲料喂量，并加强运动；对过瘦的母兔应增加精饲料喂量，使其迅速恢复膘情。对长期不发情的母兔，除改善饲料条件、保证蛋白质在饲料中的比例、保持中等体况外，还可采取在饲料中添加中药添加剂催情，以便及时配种繁殖。

(2)妊娠期的饲养要点 母兔妊娠期所需的营养物质，除供给自身新陈代谢的需要外，还要满足胎儿、乳腺发育的需要。妊娠期营养不足，胎儿发育不良，产出的弱仔多，死亡率高。但并不是妊娠期所有的时间都需要高营养，对妊娠期母兔的饲养应分为 3 个阶段。

第一阶段为受精卵向子宫角运行、细胞分裂、胚胎附植的阶段，大约需 12 天。这一时期胚胎的重量只有仔兔初生重的 2%，母兔营养需要不是很大，可按正常的饲料量喂给。如果这一时期营养过剩，特别是蛋白质过剩会影响受胎率。第二阶段为胎前期，即从胚胎发育成胎儿的阶段，约需 6 天时间，即从第十三天至第十八天。这时胎儿在母体中生长速度加快，但是这时胎儿细胞数量不大，胎儿重量增加也不大。所以，从第十五天开始给母兔增加精饲料量，逐渐增加，到第二十三天精饲料量增加 1～1.5 倍。第三阶段是胎儿快速生长阶段，即从第十九天开始到第三十一天，胎儿体重增加量为初生重的 90%，因此从第二十三天开始就让母兔自由采食，不限制饲料量，这样方能满足胎儿快速生长的需要。

(3)哺乳期的饲养要点 母兔分娩后即进入哺乳期，过去一般在产后 40～45 天断奶，现在生产中认为仔兔 35 日龄断奶比较合适，母兔从分娩到断奶这一段时间称为哺乳期。哺乳期母兔除维持自身的生命活动外，还要分泌大量的乳汁，每天都要消耗大量的营养物质，如果这一时期饲养得不好，不仅影响仔兔的健康，成活率降低，而且也影响母兔哺乳后体质的恢复。所以，在此阶段应供给母兔营养丰富和容易消化的饲料，保证其蛋白质、维生素和无机盐的摄入量。

哺乳母兔夏、秋季节每天每只母兔可饲喂青绿饲料 1 000 克左右，配合颗粒饲料 100～150 克；冬季每天每只母兔可饲喂优质青干草 150～250 克，青绿或多汁饲料 200～300 克，配合颗粒饲料 100～150 克。配合饲料参考配方如下。

①**配方Ⅰ** 玉米 20%，麦麸 25%，豆饼 7%，花生仁粕 5%，菜籽粕 5%，草籽粉 10%，统糠 10%，青干草粉 15.5%，骨粉 1.5%，蛋氨酸 0.2%，食盐 0.3%，维生素添加剂 0.3%，微量元素添加剂 0.2%。

②**配方Ⅱ** 大麦 10%，玉米 10%，麦麸 20%，四号粉 5%，豆饼 5%，花生仁粕 7%，菜籽粕 5%，豆秸粉 20%，青干草粉 15%，骨粉 2%，食盐 0.3%，蛋氨酸 0.2%，维生素添加剂 0.3%，微量元素添加剂 0.2%。

③**配方Ⅲ** 玉米 18%，稻谷 10%，麦麸 20%，豆饼 8%，菜籽粕 5%，蚕砂粉 4%，麦芽根粉 10%，统糠 13%，稻草粉 10%，骨粉 1.5%，食盐 0.3%，蛋氨酸 0.2%。

④**配方Ⅳ** 玉米 18%，麦麸 22%，四号粉 5%，豆饼 5%，

菜籽粕5%，花生仁粕5%，鱼粉2%，花生秧粉20%，青干草粉15.5%，骨粉2%，食盐0.3%，蛋氨酸0.2%。

2. 种母兔的管理要点

(1)空怀期的管理要点 空怀期母兔要特别注意控制膘情，使其达到中等体况。

(2)妊娠期的管理要点 主要是做好护理工作，防止流产。引起母兔流产的原因有3个方面：一是机械性刺激，包括捕捉方法不当、惊吓、不正确地摸胎、挤压等；二是营养不足，包括饲料营养水平低、饲料营养不全面，突然改变饲料成分，或饲料霉变、冰冻等；三是多因患兔瘟、兔巴氏杆菌病、魏氏梭菌病等传染病或肠炎腹泻等肠道疾病而引发流产。因此，妊娠母兔必须1兔1笼，防止挤压和冲撞；不要无故捕捉，摸胎检查时动作要轻；饲料要清洁、新鲜，营养要充足、全面，不喂冰冻、变质饲料；兔舍要注意通风干燥、清洁卫生，并保持兔舍安静；如果发现有流产征兆应及时注射黄体酮保胎。

临产前2～3天要准备好产仔箱，清洗消毒后铺垫一层干燥、柔软的垫草，临产前1～2天把产仔箱放入妊娠母兔笼内，供其拉毛絮窝。产房要有饲养员看守，冬季注意保温，夏季注意防暑；产仔时要给母兔准备好温的红糖水。

(3)哺乳期的管理要点 母兔产仔后喂完第一次奶后就把产仔箱从母兔笼中取出，实行母仔分开饲养。这种哺乳方法可了解母兔的泌乳情况，防止仔兔吊奶；掌握母兔发情情况及时配种；避免母仔争食，增强母兔体质；避免仔兔吞食母兔粪便，减少球虫病发病率等。从初生到20日龄，每天喂2次奶，20日龄后每天可只喂1次奶，每次喂奶时间10～15分钟。

哺乳期另一个需要重视的主要环节是防止母兔发生乳房

炎，应及早做好预防工作。

（二）种公兔的饲养与管理

种公兔对后代的影响要比母兔大得多，其优劣对兔群质量影响很大。因此，养好种公兔意义重大。

1. 种公兔的饲养要点

(1)非配种期的饲养要点 种公兔过肥或过瘦都会影响配种，甚至失去种用价值。非配种期是种公兔恢复体况的时期，这一时期种公兔不参与配种，没有负担，因此饲料应保持中等营养水平，使其体况保持不肥不瘦的状态。饲养标准为：饲料消化能 9.5～10.5 兆焦/千克，粗蛋白质含量 12%～14%，粗脂肪 2%～3%，粗纤维 14%～16%，供给足够的维生素和微量元素。每天喂给配合饲料 80～120 克，搭配青绿饲料 800～1 000 克。冬季补充一些多汁饲料。

(2)配种期的饲养要点 配种期即集中配种的阶段。这时种公兔生理负担最重，在饲养上饲料营养水平要高，营养要全面，特别是蛋白质、维生素、微量元素要充足。蛋白质含量提高到 16%～18%，对提高精液品质有重要意义。蛋白质含量不足、缺乏维生素或微量元素，都会导致精液品质下降。配种期到来之前 15 天左右要调整日粮，配种旺期饲料中要添加 2%的鱼粉，增加饲料中优质蛋白的含量。

2. 种公兔的管理要点 种公兔笼要求宽大、底平、牢固，便于种公兔活动；兔舍要求宽敞、通风、透光、清洁卫生，使舍内空气清新而舒适。

环境温度对种公兔精液品质影响很大，试验证明，当舍温超过 25℃时，精子的活力下降。当舍温高达 30℃时，就会引起精子减少、密度降低，畸形精子率升高，出现“夏季不育”。

为使种公兔安全过夏，可在 6 月末 7 月初剪毛 1 次，以利于体内热量散发；也可以在夏季把种公兔饲养在地下式兔舍中；有条件的场(户)还可在兔舍内安装空调。

如果种公兔承担的配种任务较重，使用频繁，可导致性功能减退，精液品质下降；但如果承担的配种任务少，长期闲置不用，公兔的性欲长期得不到满足，也能使其性功能减退。所以，要合理使用种公兔，才能发挥其配种潜能。1 只种公兔每天可配种 2 次，使用 2～3 天后，让其休息 2 天；如果每天配种 1 次，可连用 5 天让其休息 2 天，这样能保持种公兔性欲旺盛，充分发挥其种用性能。

换毛期的种公兔不能进行配种，因为换毛期营养消耗大，体质较弱，如果频繁使用不仅影响种公兔健康，而且精液品质差，受配母兔受胎率低。

七、长毛兔四季的饲养与管理

我国地域辽阔，各地气候条件差异很大，从南到北跨越热带、亚热带、暖温带和寒温带 4 个气候带。所以，长毛兔的饲养管理也要因时、因地制宜，根据长毛兔的生理要求，夏季降温防暑，冬季防寒保暖，春、秋季抓好繁殖工作，才能收到好的效果。

（一）长毛兔夏季的饲养与管理

长毛兔怕热不怕寒，夏季气温高、湿度大，对长毛兔的繁殖和生长发育非常不利。特别是我国的浙江、苏南、四川等地的饲养场，由于夏季湿度大，对长毛兔的生长极为不利，故有“寒冬易度，盛夏难养”之说。

1. 夏季的饲养要点　夏季天气湿热，长毛兔被毛较厚，身体又没有汗腺，散热十分困难。因此，夏季饲料中能量饲料要减少一些，蛋白质、粗纤维的成分要提高一些，以减少饲料的热能；另外，多投一些青绿饲料，也能减少体内的发热量。

天气炎热时长毛兔的食欲下降，特别是中午最热的时候，长毛兔食欲不振，通常不愿吃食。因此，要在早上太阳没出来以前和傍晚日落前后投喂，中午投一些青绿饲料。早、晚投饲量要占全天总饲料量的 80%，晚上多投一些，这样可减少长毛兔白天的活动量。

夏天一定要供给长毛兔充足、清洁的饮水，目前大部分饲养场都使用自动饮水器，以保证 24 小时饮水。为了防止夏季长毛兔发生胃肠炎，每隔 3～5 天在饮水中加入 0.01%的高锰酸钾连饮 2～3 天。

2. 夏季的管理要点　夏季的中心任务就是防暑降温。露天搭建的兔笼上方要盖遮阳网，防止太阳直射到兔笼上；兔舍温度若达到或超过 30℃，要向兔舍地面洒水，并及时人为通风降温；夏季若长时间阴雨连绵，空气湿度大，要在兔舍内堆积一些草木灰或生石灰吸潮，并加强通风驱散潮气。养兔场内要注意搞好绿化工作。

入伏以前要安排剪毛 1 次，养毛期可适当缩短；夏季幼兔的头刀毛也可以提前剪，便于散热。

夏季蚊蝇孳生快，病菌繁殖也快，一定要搞好兔舍、兔笼卫生和兔场环境卫生，防止病菌和蚊蝇孳生，减少疾病发生。同时食盆、自动饮水器的水桶要每天清洗；场区地面、兔舍地面要经常消毒；饲料加工每次不要太多，当天加工当天喂完，防止久放霉变。

(二)长毛兔秋季的饲养与管理

秋季气温适宜、饲料充足,是长毛兔生长发育与繁殖的黄金季节。但这时正值成年兔换毛,是一个特殊的生理时期,所以饲养管理也有其特殊性。

1. 秋季的饲养要点 产毛兔此时正处于换毛期,营养消耗较多,体质相对较弱。因此,必须加强营养,饲料中蛋白质含量仍相对较高,同时增加含硫氨基酸,如蛋氨酸和胱氨酸含量,这样有利于毛的生长。

2. 秋季的管理要点

(1)抓好秋季繁殖 立秋后天气转凉要及时增加饲料量,调整种兔体况,加强光照,促进发情,以提高受配率和受胎率,争取在秋季繁殖 2 胎。8 月中下旬配种繁殖 1 胎后,由于气候适宜,饲草丰富,要及时血配,马上再产 1 胎。这一段时间的管理要点是保证饲料质量,防止引起肠炎、腹泻造成妊娠母兔流产。

(2)抓好疫病防治 秋季天气转凉,遇上天气变化会使气温突然下降,对幼兔会引起感冒、肺炎、肠炎等。所以,秋季要特别注意天气变化,天气转凉时要做好保温工作。在温度适宜时要进行 1 次防疫注射,注射兔瘟、兔巴氏杆菌和魏氏梭菌三联疫苗。同时,要做好球虫病和疥癣病的预防工作,以利于兔群的健康生长。

(3)调整兔群 种兔群和生产兔群都要实行动态管理,不断地去劣留优,逐渐提高种兔群和生产兔群的品质。调整兔群的工作可随时进行,但是每年秋季要根据长毛兔的产毛性能和繁殖性能,重点做 1 次认真选择,通过淘汰老、弱、病、残兔,使留下的种群进一步优化。

(4)贮备饲料 秋季是收获季节，除了粮食可以作为长毛兔的精饲料外，还有秸秆、草籽、杂草、树叶等都是良好的粗饲料。进入冬季后直到翌年春季，均为青、粗饲料缺乏的时期，所以秋季要注意贮备粗饲料，做到有备无患。

（三）长毛兔冬季的饲养与管理

冬季气温低、日照时数少、青绿饲料缺乏，给长毛兔的饲养管理增加了一些难度。但只要做好防寒保温工作，即可使长毛兔安全过冬。

1. 冬季的饲养要点 冬季气温低，特别是饲养在室外开放式或半开放式兔舍中的长毛兔，体内热量消耗要高出春、秋季20%～30%，因此在饲养方面要通过增加能量饲料（如玉米、大麦、高粱等）的比例和日粮的总量（高于春、秋季20%～30%）来弥补冬季热能的消耗。

在以饲喂精饲料和粗饲料干粉配合的颗粒饲料为主时，冬季要适当搭配一些青绿饲料或多汁饲料。青绿饲料可用秋植黑麦草解决，多汁饲料可用当年夏季种植的胡萝卜解决。

2. 冬季的管理要点

(1)成年兔群的管理 寒冷刺激兔毛生长，冬季兔舍在－10℃以上者不需要加温饲养，只要兔舍温度相对稳定即可，切忌舍内温度忽高忽低。晴天兔舍可以打开窗子通风换气，保持舍内空气新鲜；寒流到来时关闭门、窗保温，防止贼风侵入兔舍。

(2)仔、幼兔的管理 仔兔中枢神经系统恒温控制机制还没有形成；幼兔虽已形成，但还不完备，体温随着周围环境温度的降低而降低。仔、幼兔体温低时新陈代谢也随之减缓，容易引发疾病。所以，冬季幼兔舍应加温，保证室温在20℃以上。冬季最冷时不要急于剪头刀毛，若必须剪时也要在舍温稳定的情况下进行。仔、幼兔笼内要垫柔软的干草，仔兔箱上要加盖棉垫进行保暖。

(3)冬季宜采取拔毛的方法采毛 冬季兔毛生长最快，但不宜一次性剪光，所以采毛方法应以拔毛为宜。每月1次，拔长留短，这样仍留有完整的被毛，有利于冬季保暖；同时，拔毛时可以促进血液循环，又能促进毛的生长，增加粗毛比例。这种采毛方法对被毛密度小的个体尤为重要。但是，幼兔、妊娠母兔和哺乳母兔都不能采取拔毛的方式采毛。

冬季如果采取剪毛的方法，可先剪去背上的毛，留下腹部的毛，待剪去部分的毛茬长长后再剪去另一部分。

(4)抓好冬繁工作 冬季繁殖如果产仔室温度适宜、稳定，仔、幼兔成活率就高；冬季繁殖的长毛兔具有毛囊发育好、产毛量高的优点，所以有条件的饲养场要抓好冬季繁殖工作。但是，冬季一般不能进行血配，仔兔哺乳期要长一些，以繁殖1胎为宜。

(四)长毛兔春季的饲养与管理

我国南方春季阴雨天气比较多，空气湿度大，兔病比较多；北方春季多风沙，昼夜温差比较大，在这一时期饲养长毛兔难度比较大。因此，在饲养管理上，南方以防潮、防病为主，北方以保持兔舍温度稳定为主。

1. 春季的饲养要点 早春缺乏青绿饲料，饲喂长毛兔仍然以精饲料和粗干饲料粉加工的颗粒饲料为主，可用麦芽或谷芽等代替青绿饲料。在配合颗粒饲料中，要注意添加维生素和微量元素，特别是对种兔群要格外重视，注意在饲料中添加对繁殖影响较大的维生素A、维生素E、维生素B_1等。

2. 春季的管理要点

(1)做好保温防病工作　春季北方气温不稳定，2～3 月份常常有寒流侵袭，伴有雨雪和气温下降，容易诱发长毛兔感冒或肺炎，特别是冬繁的仔、幼兔抗病力弱，更容易发生疾病。北方春季的管理是做好防寒、保暖工作，特别是仔兔和刚断奶的幼兔，更应注意。一旦预报有寒流或沙尘暴来临，仔、幼兔舍要及时生火加温，使舍温达到寒流来临前的温度，甚至高出 1℃～2℃，并使舍温保持稳定。

南方春季雨水较多，潮湿阴冷，对仔、幼兔的生长发育也不利，所以一定要做好防潮、防寒工作。

(2)搞好笼舍卫生　南方春季天气晴朗时温暖而舒适，但是由于雨水多，空气湿度大，适于病原微生物的繁殖，是多种疾病高发的季节，尤其是球虫病和疥癣病发病率最高。因此，春季一定要注意搞好清洁卫生，兔场周围环境、兔舍地面、兔笼等都要勤打扫、勤洗刷、勤消毒，防止病原体孳生，减少疾病发生率。

(3)抓好春季繁殖工作　春季是日照时数由短变长的季节，也是长毛兔繁殖的好季节，应及早安排配种。2 月中下旬配种，到 5 下旬和 6 月上旬，争取繁殖 2 胎，这样可以保证每年繁殖 5 胎。

第八章　长毛兔的疾病防治

兔病是发展长毛兔事业的大敌，尤其是各种传染病和某些危害性较大的寄生虫病，一旦流行就会降低长毛兔的生产性能，造成大量死亡，带来严重的经济损失。因此，要贯彻“防重于治”的原则，进行科学的饲养和管理，保持兔场、兔舍、兔笼的清洁卫生，按时进行免疫接种，发现病兔及早治疗，将兔病造成的经济损失降到最低限度。

一、常用的消毒方法和消毒剂

消毒是综合性预防措施中的一个重要环节，是消灭传染源的有效方法，因此长毛兔饲养场要建立严格的消毒制度。

（一）物理消毒法

可分为机械消毒、热消毒和阳光消毒等。

1. 机械消毒　通过清扫场地、兔舍、兔笼内的废物，把病原体清除出兔舍；或通过冲洗废物的方法将病原体带出兔舍；通风可将兔舍空气中的病原体带出兔舍。

2. 热消毒　通过高热使病原体变性、凝固，达到消灭病原体的目的。例如，注射器等小型金属或玻璃用具可用煮沸的方法消毒；金属笼具、地面、墙壁可以用喷灯火焰消毒；大型器械也可以用高压灭菌锅消毒等。

3. 阳光消毒　阳光中有紫外线，紫外线有杀菌作用，不急于使用的笼具、用具都应放在阳光下暴晒消毒。也可安装紫外线灯用于室内消毒。紫外线灯消毒，冬季照射 8 分钟，夏季照射 5 分钟，可以杀灭 92%～99%的病原微生物。

（二）生物消毒法

就是利用粪便发酵产生的生物热来杀灭粪便堆中的病原体。分为以下 2 种形式。

1. 堆积法发酵 在距离养兔场生产区 100～200 米的地方设立堆粪场，挖建深 20～30 厘米、宽 100～150 厘米、长视兔场规模而定的浅沟，先在沟底铺 20～25 厘米的秸秆，其上堆准备发酵消毒的兔粪、垫草、污物等，厚度 1～1.2 米，然后在粪堆上盖 10 厘米厚的谷草，谷草上再覆盖 10 厘米厚的土。夏季堆积 3 周左右即可发酵成功，可以作为肥料使用。

2. 发酵池发酵 在兔场围墙外修建数个发酵池，大小根据养兔数量而定。池壁和池底用砖砌、水泥抹面，再用防渗水泥处理，保证其不渗水。然后将每天清扫的兔粪、污物等倒入池内，池满时在粪便表面盖一层杂草，上面盖 10 厘米厚的土，冬季发酵 1～2 个月即可作为肥料使用，夏季 2～3 周即可使用。

（三）化学消毒法

即采用各种有杀菌作用的化学药物杀灭病原微生物的消毒方法，这里将常用的化学药物及使用方法介绍如下。

1. 福尔马林 为 40%的甲醛溶液。常将其稀释为2%～4%的溶液作为消毒液使用，可以用来浸泡器械及消毒兔舍、兔笼、地面、墙壁、饲槽、用具等。也可以与高锰酸钾合用，作空气消毒，其方法是每立方米空间用高锰酸钾 14 克，放入一陶瓷容器内，再将福尔马林 25 毫升、水 12.5 毫升混合后放入盛高锰酸钾的陶瓷容器中，以产生的浓烟进行消毒。消毒前将窗子关严，倒完福尔马林后人迅速撤出，密闭 24 小时，打开门、窗换气后即可使用。

2. 氢氧化钠 也称苛性钠或火碱。2%～4%的溶液可以用于兔舍墙壁、水泥地面、木制器具、陶瓷用具及运输工具的消毒。本溶液对金属腐蚀性很强，不能用于金属物品消毒。对皮肤和黏膜有损伤作用，工作人员操作时应注意防护。

3. 来苏儿 3%的溶液可以用于兔舍墙壁、地面、污染物及运动场的消毒；2%浓度的水溶液可以用来洗手消毒。

4. 漂白粉 可用于水体消毒，每立方米水加漂白粉 6～10 克，消毒 30 分钟后即可；10%～20%的乳剂常用于兔舍墙壁、地面、运输工具、排泄物及分泌物的消毒；3%的澄清液可用于食槽、饮水器及其他非金属用品消毒。

5. 复合酚类 包括农乐、农禾、菌毒敌、毒菌净等，0.3%～1%的水溶液可用于兔舍墙壁、地面、兔笼、用具、运输工具、运动场等的消毒。

6. 生石灰 将生石灰加等量水制成熟石灰后，再配成 10%～20%浓度，用于墙壁、地面、围栏、粪池及污水沟的消毒。

7. 过氧乙酸 国产的过氧乙酸制品分为甲液和乙液，配制时取甲液 2 份、乙液 3 份混合，再配成 1∶20 的浓度，可以用于兔舍墙壁、地面、饲料槽、饮水槽、兔笼及用具的喷洒消毒。耐酸的塑料制品、玻璃、搪瓷、胶皮管及其用具可以用其浸泡消毒。由于过氧乙酸的混合液不稳定，不能存放过久，必须现用现配。

8. 洗必泰 0.05%的水溶液可用于兔舍、场地、仓库及工作室的喷雾消毒；0.02%的水溶液可用于洗手；0.1%的水溶液可用于饲养用具及器械的浸泡消毒。

9. 新洁尔灭 0.1%的溶液可用于木制器具的消毒或洗手等;0.15%的水溶液可用于兔舍喷雾消毒。

10. 高锰酸钾 0.1%的溶液可用于食具浸泡消毒;0.2%的溶液可用于墙壁、地面、笼具等消毒;0.02%的溶液可用于饮用,防治消化道疾病。

11. 5%碘酊 外用,用于兔咬伤、创伤等伤口的消毒。

12. 75%酒精 外用,用于皮肤及体温计、注射针头等的消毒。

二、长毛兔场的清洁卫生制度和消毒制度

(一)长毛兔场的清洁卫生制度

兔场应经常打扫卫生,保持长毛兔生活环境的清洁,是切断疾病传染途径的重要环节。养兔环境清洁卫生、空气流通而新鲜,兔群的发病率就低。因此,养兔场要把清洁卫生工作作为制度纳入每天的工作日程。如每天要定时清扫1次兔笼、兔舍,清除或冲洗1次粪沟;每天打扫1次兔舍周围环境;每半月清扫1次兔场外环境;每天定时开窗通风换气,保持兔舍空气清新;食具、用具要定时清洗、消毒;饲养人员禁止到非本职岗位外的兔舍活动,饲养用具严禁相互串用,严禁非工作人员和其他动物进入兔舍;粪便要运出兔场堆积发酵等。以上内容要详细、明了地列入制度,作为一项强制性的规章制度,坚决执行。

（二）长毛兔场的消毒制度

消毒分为日常消毒和特殊情况下的临时消毒。消毒也是切断传染途径的重要环节，一定要引起重视。可制订出详细的操作制度，要求工作人员和饲养人员遵照执行。

1. 日常消毒制度 也就是定期的、经常性的消毒制度。例如，兔舍、笼位及周围环境，夏季每周消毒1次，冬、春、秋三季每半月消毒1次；笼底板、食具、用具等夏季每周用0.1%的高锰酸钾溶液浸泡1次，冬季每半月浸泡1次；兔场门口设消毒池，池内注入2%～4%的火碱溶液，用于车辆消毒；兔场门口要设立消毒室，室内安装紫外线灯，来场参观者进场时要在紫外线灯下照射5分钟，经消毒后方能进场。

2. 临时消毒制度 在进兔前2～3天要做好暂养兔舍和兔笼的消毒工作；发现有患传染病的病兔，应及时隔离饲养和治疗，隔离室和笼位要先消毒后进兔，原笼空出后也要及时消毒，停放一段时间后方能再用。发现病兔的兔舍、环境都要彻底消毒，假定健康、未发病的兔要进行紧急防疫注射。母兔产仔前、仔兔断奶分窝后，母兔笼、产仔箱等都要进行消毒。

三、长毛兔的常用疫苗及防疫程序

目前，养兔界研制出兔用的各种疫苗，注射后可使长毛兔得到保护，发病率大大降低，成活率大大提高。

（一）长毛兔的常用疫苗

1. 兔瘟疫苗 组织灭活制得的疫苗，断奶仔兔每次每只皮下注射1毫升，成年兔每次每只皮下注射2毫升，7天左右产生免疫力，免疫期 6 个月，以后每 6 个月要按时注射 1 次；兔瘟油佐剂灭活疫苗，断奶期以上的兔，每只皮下注射 1 毫升，7 日左右产生免疫力，免疫期 1 年，以后每年按时注射 1 次。未作过兔瘟疫苗防疫注射的母兔所产的仔兔，出生后 20～30 日龄进行第一次防疫注射；产仔前注射过兔瘟疫苗的母兔所产的仔兔，应在断奶后 5 天左右进行预防注射。

2. 兔巴氏杆菌疫苗 为巴氏杆菌灭活后作为抗原制成的灭活苗。母兔从未注射过巴氏杆菌疫苗的，所产仔兔应于 20～30 日龄时注射该疫苗，每只 1 毫升，间隔 14～20 天再以同样剂量注射 1 次；配种前已经注射过的母兔其所产仔兔应在断奶后 5 天左右注射第一次，过 14～20 天再以同样剂量注射第二次，7 天左右产生免疫力，免疫期 6 个月，以后每 6 个月按时注射 1 次。成年兔每半年注射 1 次，每次 2 毫升，只能提前不能错后。

3. 兔魏氏梭菌疫苗 是用兔魏氏梭菌灭活制得的疫苗，注射时间、注射方法、注射量与兔巴氏杆菌疫苗相同。

4. 兔波氏杆菌疫苗 是用兔体内分离出来的波氏杆菌，经过灭活制得的疫苗。断奶前 1 周的仔兔、幼兔与成年兔，皮下或肌内注射 1 毫升；妊娠母兔在产前 2～3 周或配种前皮下或肌内注射 1 毫升。7 天内产生免疫力，免疫期为 4～6 个月。以后每年注射 2 次，可控制支气管败血波氏杆菌病流行。

5. 大肠杆菌疫苗 是由从病兔体内分离出的大肠杆菌经过培养、灭活制得的。20 日龄左右的仔兔肌内或皮下注射 1 毫升，7 天内产生免疫力，免疫期 4 个月。

6. 兔沙门氏菌疫苗 是由从病兔体内分离出的沙门氏菌，经过培养繁殖、灭活制得的疫苗。仔兔断奶前 1 周、母兔配种或妊娠初期，以及幼兔、成年兔每只皮下或肌内注射 1 毫升,7 天内产生免疫力,免疫期 6 个月,以后每年注射 2 次可大大降低发病率。

7. 兔葡萄球菌疫苗 是由从病兔体内分离出的葡萄球菌经过培养繁殖、灭活制得的疫苗。母兔配种前、仔兔 20～30 日龄注射,每只 1 毫升,可降低本病发病率,免疫期 4～6 个月。母兔每 4 个月注射 1 次,可防止乳房炎和仔兔黄尿病。

(二)长毛兔的防疫程序

兔的疫苗可分为单苗和联苗,联苗又可制成二联或三联的。例如三联苗有兔瘟、兔巴氏杆菌、兔魏氏梭菌三联疫苗,也有厂家生产兔瘟、兔巴氏杆菌、兔波氏杆菌三联疫苗和兔瘟、兔魏氏梭菌、兔波氏杆菌三联疫苗;二联苗有兔巴氏杆菌、兔魏氏梭菌二联苗和兔巴氏杆菌、兔波氏杆菌二联苗,以及兔波氏杆菌、大肠杆菌二联苗等等。因此,应根据所购联苗的种类,设计最佳的防疫注射方案。

1. 防疫程序Ⅰ 在母兔配种前或妊娠后 10～20 天注射葡萄球菌单苗,预防母兔乳房炎和仔兔黄尿病;仔兔 20～30 日龄时注射兔波氏杆菌、大肠杆菌二联苗,预防仔兔胃肠道疾病和支气管肺炎、传染性鼻炎等;35 日龄断奶的仔兔,于 40 日龄时注射兔瘟、兔巴氏杆菌、兔魏氏梭菌三联疫苗,60 日龄再加强注射 1 次,以后每 4～6 个月注射 1 次,成年兔每半年注射 1 次;仔兔从 18～20 日龄补饲时于每千克饲料中添加氯苯胍 0.3 克,连续使用 45 天,停药 15 天,再加其他抗球虫药,用药 15 天,可有效预防球虫病;每季度皮下注射伊维菌素 1 次,每千克体重 0.02 毫升,或用阿维菌素片拌入饲料中喂兔,每千克体重 0.02 毫克,可预防兔疥癣病。仔兔饲料中加入 0.015%大蒜素、1%干酵母粉、0.17%的复合酶,可预防仔兔腹泻病；产仔后的母兔每天喂 1 片复方新诺明或其他磺胺类药物，连喂 5～7 天，可预防仔兔黄尿病。

2. 防疫程序Ⅱ 仔兔于 20 日龄时皮下注射大肠杆菌灭活疫苗 1 毫升；25～30 日龄时皮下注射兔波氏杆菌、兔巴氏杆菌二联灭活疫苗 2 毫升；40 日龄时皮下注射兔瘟、兔魏氏梭菌二联灭活疫苗 2 毫升，60 日龄时以同样剂量再注射 1 次。其他防疫程序与防疫程序Ⅰ相同。

青年兔、成年兔每年 2 次或 3 次定期防疫，同时注射几种疫苗时，2 次注射间隔 7 天以上。

四、长毛兔疾病的诊断和给药方法

养兔场虽然经过防疫，仍会经常出现一些散发性疾病。遇到病兔首先要进行临床诊断，及时给药治疗。自己判断不准的，可取病料送到研究部门或专职检测部门检验确诊。

（一）外貌检查

是指用肉眼观察长毛兔的体格发育、营养状态、精神状态及皮肤被毛情况等，收集可视的临床症状。

1. 体格发育 观察长毛兔骨骼和肌肉发育是否完好，各部位是否匀称。体格发育良好的长毛兔，体躯各部位匀称，四肢强壮，肌肉丰润，外观结实。发育不良的兔则体躯矮小，结构不匀称，瘦弱无力，幼兔期表现生长发育迟缓或生长迟滞。

2. 营养状态 营养状况好的长毛兔，肌肉和皮下脂肪丰满，轮廓滚圆，骨骼棱角处不显露；营养状态不好的长毛兔表现消瘦、骨骼显露，背呈现鱼脊形。

3. 精神状态 是反映长毛兔健康与否的标志。健康的兔精神状态好，中枢神经系统的兴奋与抑制过程表现动态平衡，对外界刺激反应灵敏，经常保持警戒状态，外耳壳能活动，并能彼此独立动作。有轻微的外来声响便立即抬头，两耳竖立，转动耳壳。如有危险情况，马上处于俯卧状，似做隐蔽姿势。不健康的兔精神呆滞、反应迟钝，有时对外界刺激无大的反应。

4. 被毛与皮肤 健康的个体被毛平滑、有光泽、生长牢固，到了换毛季节自然脱落；不健康的兔被毛粗糙、蓬乱、缺乏光泽。营养缺乏或患有消耗性疾病会使长毛兔的换毛期延长，或在非换毛季节大量脱毛。如果是成片脱毛，可能是患有疥癣病或脱毛癣，或是皮肤出现了湿疹。

进行皮肤检查时，应注意皮肤的温度、干湿性、有无弹性等。如果发生炎症，则有皮肤红肿、温度升高等症状。

（二）体温测定

对长毛兔一般采用肛门测温法。测温时可用左臂夹着兔体，左手提其尾巴，右手持体温计插入其肛门，插入的深度为3.5～5 厘米，保持 5 分钟左右。长毛兔的正常体温为38.5℃～39.5℃。

（三）脉搏测定

测定长毛兔脉搏时，应选择其大腿内侧近端的股动脉，也可以直接触摸前胸心区，计时 1 分钟，数出跳动次数，连续测定几次取其平均值。健康长毛兔每分钟脉搏跳动数为 120～150 次。热性病、传染病、疼痛时脉搏加快，而脉搏减缓的情况极为少见。

(四)呼吸次数测定

待长毛兔处于静卧状态时，观察其胸壁或肋弓的起伏，计时1分钟，数其呼吸次数，连续测定几次取其平均值。健康长毛兔每分钟呼吸次数为50～80次。

(五)有关系统检查

1. 消化系统检查

(1)食欲检查 健康的长毛兔食欲旺盛，对经常吃的饲料，嗅后立即采食，采食速度很快，正常投饲量于20～30分钟吃完，除非更换饲料或饲料有异味，否则不会延长采食时间；如果食欲减退，投喂后反复嗅闻却不采食，1个小时后仍有大量剩食者，应仔细查明原因，确定是病态应及时治疗。

(2)腹部检查 消化系统的疾病主要表现在腹部，经用视诊或触诊的方法检查腹部变化情况，可及时查明原因，及时处理。

①腹部视诊 主要观察腹部形态和腹围大小。若上腹部明显膨大、肷窝突出，是肠积气的表现；若下腹部膨大，触诊有波动感，改变体位时膨大部分随之转移，是腹腔积液的特征。

②腹部触诊 触诊时令助手保定好被检兔头部，检查者立于尾部，用两手的指端同时从左右两侧压迫腹部，健康兔腹部柔软并有一定弹性。当患腹膜炎时，触诊病兔腹部表现不安、欲动、腹肌紧胀，且有震颤时，提示腹膜有疼痛反应；腹腔积液时触诊有波动感；肠管积气时，触诊腹壁弹性很明显。

2. 呼吸系统检查

(1)呼吸式检查 健康的长毛兔是混合式呼吸，即呼吸时胸壁和腹壁运动协调、强度一致。出现胸式呼吸时，即胸壁运动比腹壁明显，表明病变在腹部，如腹膜炎等。出现腹式呼吸时，即腹壁运动明显，表现病变在胸部，如胸膜炎、肋骨骨折等。

(2)呼吸困难检查 健康长毛兔在安静状态下，呼吸平稳，呼吸运动协调，具有节律性。当呼吸运动加强，呼吸次数增加，呼吸节律改变，即为呼吸困难，是呼吸系统出现病变的主要症状。主要表现形式有以下3种。

①吸气性呼吸困难 表现为吸气用力、吸气时间明显延长，常见于上呼吸道狭窄的疾病，如鼻腔、咽、喉、气管发炎，导致炎性分泌物堵塞等。

②呼气性呼吸困难 表现为呼气用力、呼气时间显著延长，常见于慢性肺泡气肿及细支气管炎等。

③混合型呼吸困难 表现为吸气和呼气均发生困难，而且伴有呼吸次数增加，是临床上常见的呼吸困难。这是由于肺呼吸面积缩小，使红细胞中二氧化碳浓度增高，导致缺氧所引起的，常见于肺炎、胸腔积液、气胸等。

(3)咳嗽检查 健康兔偶尔也咳嗽，主要是排出呼吸道中的异物或分泌物，是一种保护性反应。若出现连续性咳嗽，则是患病的表现。病变部位在呼吸道，如气管炎、喉炎等。

(4)鼻液检查 健康兔鼻孔内清洁。如果鼻孔周围有鼻液污染而结痂，说明鼻液增加，要对鼻液性质进行检查，如单纯鼻液增加并有瘙痒感，用两前肢搔抓鼻部、打喷嚏，提示患有鼻炎；如果鼻液中有新鲜血液、血丝或凝固块时，多为鼻黏膜损伤；如果鼻液污秽不洁，并有恶臭味，可能发生了坏疽性鼻炎；如果鼻液呈泡沫状血样，提示可能是患有兔瘟病。

(5)胸部检查 怀疑肺部有炎症时，进行肺部听诊等检查。

3. 泌尿系统检查

(1)排尿姿势检查 排尿姿势异常主要有2种情况，一是排尿失禁，患兔不能控制排尿，而是不自主地经常性或周期性地排出少量尿液，是排尿中枢损伤所引起的；二是排尿疼痛，表现排尿时不安、呻吟、嘶叫等，多见于尿路感染和尿道结石。

(2)排尿次数和排尿量检查 兔每天排尿次数不固定，但排尿量为100～250毫升。正常情况下饮水量增加则排尿量也有所增加。患病情况下，慢性肾炎排尿量增加；急性肾炎、严重腹泻则排尿量减少。

(六)病料的送检

现在绝大部分饲养场都没有设立病料检验实验室，也没有这方面的技术人员，所以兔场怀疑发生某种传染病时，就要采集病料送到检验部门检查确诊。为了使检验准确，诊断无误，病料的采集、保存都必须有严格的要求。

1. 病料采集 提不出怀疑对象的，可把整只兔送去检验；已明确为败血性传染病的，如兔瘟、兔巴氏杆菌病，可采集心、肝、脾、肾、肺以及淋巴结、胃肠等组织作为病料；兔结核病可采集病变结节作为病料；兔魏氏梭菌性肠炎可采集肠管及肠内容物作为病料；有神经症状的传染病应采集脑、脊髓作为病料；检查血清抗体时，应采集血液，待凝固析出血清后，分离血清，装入洗净、灭菌的小瓶中送检。

2. 病料保存 采集的病料应立即送实验室检查，如不能马上送检，则必须妥善保存，以免变质。其各种病料的保存方法如下。

(1)细菌检查病料的保存 将采集的病料保存在饱和盐水或30％甘油缓冲液中，容器加塞密封。

饱和盐水配制方法：取蒸馏水 100 毫升，加入氯化钠38～39 克，充分搅拌溶解后，用 4 层纱布过滤，经高压灭菌后备用。

30%甘油缓冲液配制方法：纯净甘油 30 毫升，氯化钠 0.5 克，碱性磷酸钠 1 克，加蒸馏水至 100 毫升，混合均匀，高压灭菌后备用。

(2)病毒检查病料的保存 将采集的病料保存在 50%甘油生理盐水或鸡蛋生理盐水中，容器加塞密封。

50%甘油生理盐水配制方法：中性甘油 500 毫升，氯化钠 8.5 克，蒸馏水 500 毫升，混合后分装，高压灭菌后备用。

鸡蛋生理盐水配制方法：先将新鲜鸡蛋表面用 5%碘酊消毒，然后打开，将内容物倒入灭过菌的容器内，按全蛋 9 份加入灭菌生理盐水 1 份，摇匀后用双层纱布过滤，然后再加热至 56℃～58℃，持续 30 分钟，第二天和第三天各按上述方法加热 1 次，冷却后即可使用。

(3)病理组织学检查病料的保存 将采集的病料放入 10%甲醛溶液或 95%酒精中固定，固定液用量须为病料的 10 倍以上。如用 10%的二甲苯固定，应在 24 小时后更换 1 次新鲜药液。

3. 病料送检 装病料的容器上要贴上标签，标签上注明送检单位、要求检验内容、编号等，另外附上送检单。

病料在送检途中一定要保证安全，对于危险病料更要注意。对怕热的材料要用保温设备冰镇降温，对怕冻的材料应保温防冻。一般检验微生物的病料都怕热，病理检验的病料都怕冻，包装时要注意这一点。

病料装箱后，要尽快送到检验单位，短途的、重要的病料可派专人送去，长途可空运，使之尽快送达。

4. 注意事项 采集病料时应在病兔死亡后立即进行，最迟不能超过 6 小时；采集病料应选择症状或病变典型的病例，最好能同时选取几种不同病程的病料；取病料时应在无菌条件下进行，为减少污染，一般先取微生物学检查的材料，再取病理检查的材料。

（七）长毛兔的给药方法

治疗兔病要有正确的给药方法，给药方法不同，药物显效的快慢也不同，而且药物会产生不同的作用。如硫酸镁内服可以产生泻下作用，而静脉注射则产生镇静、抗惊厥作用。另外，药物的性质不同，也需要不同的给药方法。如油制剂药物只能肌内注射不能静脉注射；而氯化钙等强刺激制剂只能静脉注射不能肌内注射，否则会引起局部发炎坏死。所以，在长毛兔临床治疗中应根据病情和用药的性质、个体大小来选择适当的给药方法。

1. 内服 这种给药方法最常用，操作简单，使用方便，适用于多种药物，尤其是治疗消化道疾病的药物常用内服法。它的不足之处是易受胃、肠内环境的影响，药量不好掌握，显效也比较慢，对拒食的患兔无法投药。

（1）拌入饲料投喂 在患兔还有食欲的情况下，毒性小、无不良气味的药物，或用于大群预防性的药物及驱虫药物，都可拌入饲料中通过采食服入。

（2）人工强制投喂 对拒食的患兔，或有异味患兔拒食的药物都必须强制喂服。先由助手保定患兔，投药者一手固定兔头部并捏住兔面颊使其口张开，用弯头止血钳、镊子或筷子夹取药片，送入口腔深部，使其自行吞下。

（3）灌服法 对拒食的兔或有异味的药物，可以把药研成粉末，用少量水调匀，用注射器或滴管吸取药液，从兔的口角徐徐灌入，保定方法同上。

2. 注射 注射给药见效快、药量准、节省药物、安全，但要注意注射部位的消毒。注射方法有以下几种。

(1)皮下注射 选择颈背部、肩前、腋下、股内侧等皮肤薄、松弛、易移动的部位，注射部位先剪毛，然后用75%的酒精或5%的碘酊棉球消毒；助手保定患兔，操作者左手拇指、食指和中指捏起皮肤，使提起的皮肤呈三角形，右手持注射器于三角形基部垂直于皮肤迅速刺入针头，放开皮肤不见有回血再推药。注射完毕拔出针头用75%酒精或5%碘酊棉球压住针孔3～5分钟，防止药物流出。本法多用于防疫注射。

(2)肌内注射 选择肌肉丰满处，如臀部、大腿内侧等部位。剪毛消毒，针头垂直于皮肤迅速刺入2厘米左右，回抽无血者缓慢推入药液。注射时注意观察，切莫刺中血管。本法适于各种针剂药物的注射，如水剂、油剂、悬浮液等，但具有强刺激性的药物不能使用本方法。

(3)静脉注射 注射部位为耳外缘静脉。注射时助手保定患兔，固定头部。注射部位剪毛消毒。操作者左手拇指与无名指、小指相对捏住耳尖部，以食指和中指夹住，压迫静脉向心侧，使其充血怒张。静脉不明显时，可用手指弹击耳壳数下，或用75%酒精棉球反复擦拭，刺激静脉处皮肤。针头以15°角刺入血管，然后使针头与血管平行向血管内送入适当深度，回抽见血、推药无阻、皮肤不隆起为刺针正确，而后缓缓推药。注射完毕拔出针头，以75%酒精棉球压迫3～5分钟，防止血液流出。

静脉注射时应特别注意注射器内的药液中不要留有气泡，以免引起血液栓塞，造成患兔死亡。另外，油剂药物不能静脉注射，钙剂药物静脉注射时推药要缓慢。

(4) 腹腔内注射 注射部位为脐后部、腹中线偏左侧 3 厘米处。注射前剪毛消毒，将患兔后躯提起，使内脏向下沉，针头对着腹壁垂直刺下，回抽注射器活塞无气体、液体及血液后推药。腹腔内注射时进针不要过深，以免损伤内脏。

3. 灌肠 有些病的症结在消化道下部，口服药见效慢，可采取直肠灌注的方法。直肠灌注时首先要将药液加温，使其温度接近兔的体温。操作者将患兔侧卧保定于操作台上，将后躯垫高，用涂有润滑剂的橡胶管或塑料管，经肛门插入直肠 8～10 厘米，然后用注射器注入药液，注入药液后抽出胶管捏住肛门，停留 5～10 分钟，然后放开，让其自行排出。便秘、毛球病等采用直肠灌注法很快就能排出粪便及毛球。

4. 外用 是将药物直接涂于患部的给药方法，适用于体表创伤及体表寄生虫病的治疗。外用药物不能毒性过大，否则通过皮肤的吸收也能引起中毒。

(1) 涂擦 将药物制剂直接涂抹在患部皮肤、黏膜或创面上。主要用于局部感染和疥癣病等的治疗。

(2) 洗涤 把药物配成清洗剂，用于清洗眼结膜、鼻腔、口腔、阴部、肛门等处的黏膜、污染物或感染的创面等。常用的清洗剂有生理盐水、0.3%～1%双氧水、0.1%新洁尔灭、0.1%高锰酸钾溶液等。

(3) 点眼 眼结膜发炎时，可将治疗药物滴入眼结膜囊内。操作时用手指将下眼睑内角处捏起，滴药液于眼睑与眼珠之间的结膜囊内，每次 2～3 滴，每隔 2～4 小时滴 1 次；如果是膏状的药物，可把药膏直接挤入结膜囊内。

(4) 药浴 将药物配成适当浓度的溶液或悬浮液，对兔整体进行洗浴。注意准确掌握药浴时间，短了效果不佳，长了容易引起中毒。本方法主要适用于杀灭体表寄生虫或剪毛后药浴催毛。

五、长毛兔常见传染病的防治

(一)兔瘟(兔病毒性出血症)

本病是一种急性败血性传染病,1984 年首先在江苏省的无锡、宜兴、淮阴等地暴发,继而蔓延波及全国 20 多个省、直辖市、自治区。目前本病除在亚洲、欧洲许多国家流行外,已经传播到美洲的部分地区和澳大利亚等地,已成为世界养兔业的大敌。

1. 病原体 为兔瘟病毒,是大小为 30～40 纳米的球形、裸体、线性双链的小颗粒病毒。可被 1%～3%氢氧化钠溶液或 20%石灰乳杀灭;在 37℃～40℃条件下用 0.4%甲醛溶液即可使其失去致病力。

2. 流行特点 本病一年四季均可发生。死亡病兔是主要传染源,环境污染是主要传播途径。主要危害青、壮年兔,哺乳及断奶前后的仔兔不易感,但近些年发现感染有向幼龄兔转化的倾向。

3. 症状 可分为最急性型、急性型、亚急性型和慢性型 4 种。

(1)最急性型 多见于流行初期,患兔无任何症状而突然死亡。有时在笼内狂跳几下并尖叫一声,倒地抽搐,数分钟内死亡;少数病死兔鼻孔中会流出泡沫状血液。

(2)急性型 表现精神不振、食欲减退,体温升至 41℃左右,不愿活动,渴欲增加。死前突然兴奋,在笼内狂跳,然后前肢伏地、后肢支起，全身颤抖抽搐、尖叫，倒地死亡。有些病死兔鼻孔中流出泡沫状血液。此型的患兔死前肛门松弛，肛门周围的毛被少量黄色黏液沾污，粪球外附有淡黄色胶样分泌物。

(3)亚急性型 一般发生在流行后期，多发生在3月龄以内幼兔群。患兔瘦弱，被毛蓬乱无光泽，2～3天后大部分死亡。

(4)慢性型 患兔精神沉郁，前肢向两侧伸展，头低下碰触笼底，后肢摊开，不吃不喝，5～6天后衰竭死亡。

剖检可见气管黏膜有淤血、充血斑，气管和支气管内充满泡沫状暗红色血液；肝肿、质脆，脾、肾淤血肿大，有针尖状出血点；膀胱充满尿液，尿液带血色。

4. 防治措施

(1)预防措施 定期注射兔瘟疫苗，每只兔皮下或肌内注射1～2毫升，5～7天产生免疫力；对因本病死亡的兔要深埋，病兔应及时隔离，排泄物及一切饲养用具要彻底消毒，防止本病扩散；引种时要详细考察，绝不能在发生过疫情的地方引种；定期进行兔笼、兔舍、食具、用具的消毒。

(2)治疗措施 发病后还未出现发热症状的患兔一次性皮下注射兔瘟高免血清4毫升可以治愈。体温升高、临床症状明显的患兔，用高免血清治疗效果不佳。注射高免血清时，先用少量的血清皮下注射，相隔5～10分钟再取4毫升血清加5%葡萄糖生理盐水10～20毫升，一次性静脉注射，效果更好。治愈的患兔注射血清后7～10天仍需再注射疫苗。

据报道，对患兔肌内注射聚肌胞注射液，成年兔每只1毫升，严重者隔日再用同样剂量注射1次，有一定疗效。同时肌注维生素C 200毫克，效果更佳。

（二）兔巴氏杆菌病

是长毛兔常见的一种危害极大的传染病。本病传播快，常造成整群发病，暴发时可全群覆灭。多数病例呈慢性型，甚至不表现症状，只是带菌。

1. 病原体　为多杀性巴氏杆菌，为革兰氏阴性，两端钝圆、细小的短杆菌。按毒力强弱不同呈3种菌落形态，即光滑型（S型）、黏液型（M型）和粗糙型（R型）。

2. 流行特点　春、秋两季容易流行，呈散发性或地方性流行。平常很多兔鼻黏膜带有巴氏杆菌，但不表现临床症状，当兔群过分拥挤、通风条件不好时，兔体免疫力下降，存在于上呼吸道的巴氏杆菌便大量繁殖，毒力增强而引起本病发生。

3. 症状　各种年龄的兔均可发生本病，但以幼龄兔和体质弱的兔更易感。本病症状和病变表现多种多样，常见的有以下几种。

（1）传染性鼻炎　病兔鼻腔有浆液性、黏液性和脓性分泌物，病兔打喷嚏、咳嗽，常用前爪抓擦鼻部，引起局部脱毛、红肿、发炎，病程可达数月甚至1年。

（2）急性败血症　少数病兔常无任何症状而突然死亡，多数病兔食欲减退，精神沉郁，体温升至41℃以上，鼻腔有浆液性、黏液性和脓性分泌物。死前体温下降，高声尖叫，鼻腔、口腔流出血液。

（3）地方性肺炎　病初精神沉郁、食欲减退、体温升高。于1～2天后死亡。此外，尚可见到中耳炎、结膜炎、脓肿、子宫蓄脓、睾丸炎等。

4. 防治措施

（1）预防措施　淘汰症状明显的病兔；对无症状、假定健康的兔注射兔巴氏杆菌疫苗 1～2 毫升，以增强其免疫力；环境和兔舍、兔笼进行消毒，巴氏杆菌抵抗力弱，1%碳酸溶液、0.1%甲醛溶液、5%氨水都能在短时间内(10～20 分钟)将其杀死。

(2)治疗措施 肌注氨苄青霉素粉针剂 20 毫克/千克体重，每日 2 次，连注 3 天；红霉素肌内注射，10 毫克/千克体重，每日 2 次，连注 3 天；青霉素 2 万～4 万单位/千克体重、链霉素 15 毫克/千克体重，肌内或皮下注射，每日 2 次，连注 3 天。

(三)兔 A 型魏氏梭菌病

本病是一种死亡率很高的兔急性胃肠道疾病。病势猛烈，绝大多数病兔出现下痢及水样腹泻后于当天或次日死亡。用抗生素和中药治疗均难见效，是兔病防治中的一大难题。

1. 病原体 是 A 型魏氏梭菌，为一种条件性致病菌，即在厌氧条件下生长繁殖良好。形态呈单个或双联，菌落在鲜血琼脂平板上有双溶圈，革兰氏染色阳性，有荚膜、芽孢和外毒素。

2. 流行特点 除未睁眼的仔兔，不同年龄、不同性别的长毛兔均易感，1～3 月龄的兔发病率最高；本病一年四季均可发生，以冬、春季发病率最高，主要是由于青绿饲料缺乏，饲料中粗纤维比例小、精饲料比例大所造成的；长途运输产生应激反应、管理不当、饲料突然变换、气候突然变化均可促使本病暴发。

3. 症状 显著症状为急剧下痢，临死前水样腹泻，粪水具有特殊腥臭味；死兔不见明显消瘦，但见眼球下陷的脱水症状；肛门附近及飞节下端的毛被污染成黑褐色或黑绿色；剖开腹腔可嗅到特殊的腥臭味。胃多充满饲料，胃浆膜下可见到大小不一的溃疡斑，有的病例大、小肠均充满气体，使肠壁变得薄而透明。有的病例大肠内充满黑绿色稀粪液，并嗅到腐败臭味，大肠浆膜下有鲜红出血斑，肠黏膜有弥漫性的充血或出血；肝脏质地变脆，脾脏呈深褐色，肾和淋巴结多数无变化，膀胱多数积有茶色尿液，心脏表面血管怒张呈树枝状。

4. 防治措施

(1)预防措施 平时加强饲养管理，保持环境清洁卫生，饲料中粗纤维成分合理，减少应激因素发生；应用兔A型魏氏梭菌灭活疫苗预防注射，每年2～3次，断奶仔兔及时预防注射。

(2)治疗措施

①注射高免血清 当长毛兔初发魏氏梭菌病时，首先皮下注射A型魏氏梭菌高免血清0.5～1毫升，5～10分钟后再取A型魏氏梭菌高免血清10毫升左右，加5%葡萄糖生理盐水10～15毫升混匀，缓慢地进行耳静脉注射，每天注射1次，连注2～3天。

②抗菌消炎 链霉素肌内或皮下注射，15毫克/千克体重，每日2次，连注3天；庆大霉素肌内或皮下注射，4毫克/千克体重，第一天注射2次，以后每日注射1次，连注3天；氟哌酸口服，每千克体重按20毫克计算，每日2次，连服5天。

(四)兔支气管败血性波氏杆菌病

本病也是长毛兔常见的一种传染病，传播广泛，常以鼻炎和肺炎为特征。仔兔、幼兔、青年兔都常呈急性发作，成年兔多呈慢性型。

1. 病原体 为波氏杆菌，是一种革兰氏阴性小杆菌，有鞭毛、能运动、有荚膜，不形成芽孢，是长毛兔上呼吸道常在的寄生菌。

2. 流行特点 多发生于气候容易骤变的春、秋两季。当兔体受到各种内外不良因素影响，其抵抗力下降，寄生于上呼吸道的波氏杆菌繁殖并进入体内，引发本病。主要传播途径是呼吸道，病兔咳嗽或打喷嚏时，病菌污染环境，通过空气直接传染邻近的健康兔。

3. 症状 根据病变部位不同可把其分鼻炎型、支气管肺炎型和败血型。鼻炎型较为常见，常与多杀性巴氏杆菌病并发，多数病例从鼻腔内流出浆液性或黏液性分泌物，症状时轻时重；支气管肺炎型是由于鼻炎长期不愈，病菌下行至支气管进入到肺部而造成的，此时病菌在肺组织中繁殖，侵害肺泡，产生炎症，化脓，造成病兔呼吸困难，食欲不振，日渐消瘦而死亡；败血型即为病菌进入血液生长繁殖，患兔迅速死亡。

剖检鼻炎型常见鼻腔黏膜充血，有多量浆液性或黏液性分泌物；支气管肺炎型在气管、鼻腔中有泡沫状黏液，肺部有大小不等突出于表面的脓疱，外有一层结缔组织包膜，脓汁乳白色，黏稠似奶油状。

4. 防治措施

(1)预防措施 用支气管败血性波氏杆菌疫苗进行免疫注射，每只成年兔 1.5～2 毫升；或于饮水中加入兔鼻炎净，用量按说明书所示；兔舍要卫生、通风干燥，饲养密度不要太大。

(2)治疗措施 卡那霉素肌内注射，每只成年兔每次 0.2～0.4 克，每日 2 次，连注 3～5 天；庆大霉素肌内注射，4 万单位/千克体重，每日 2 次，连注 5 天；四环素肌注，40 毫克/千克体重，每日 2 次，连注 5 天；红霉素肌注，10 毫克/千克体重，每日 2 次，连注 5 天；磺胺类药物，如酞酰磺胺噻唑，每千克体重口服0.2～0.3克，每日2次，首次加倍，连用3～5天。

（五）兔葡萄球菌病

本病为长毛兔常见的传染病之一。特征是体表部位形成脓肿，严重时可引起内脏器官脓毒败血症而死亡。

1. 病原体 为金黄色葡萄球菌，呈圆形或卵圆形，革兰氏阳性。广泛存在于自然界中，如在地面、空气、饮水、饲料、兔毛中均能发现，对外界环境抵抗力较强，对磺胺类药物和抗生素比较敏感，3％来苏儿、3％火碱溶液均可杀灭本病菌。

2. 流行特点 兔舍污秽，空气不新鲜，兔笼底不经常打扫、清洗和消毒，饮水不洁净、饲料不卫生等都能引发葡萄球菌病。

3. 症状 长毛兔对葡萄球菌较为敏感，多半是通过皮肤和黏膜外伤等途径感染，感染的部位不同，表现的症状也不同。

（1）脓肿和脓毒败血症 于病兔颈部、背部、腹部、腿部等处的皮下、肌肉或内脏器官内形成1个或几个脓肿，一段时间后自行破溃，流出乳白色、油状、黏稠的脓汁，多形成瘘管，经久不愈。少数病例引起内脏器官转移性化脓灶，全身感染，迅速死亡。

（2）仔兔脓毒败血症 2～5日龄的仔兔，在胸、腹、颈、颌下或腿部内侧的皮肤表面出现粟粒状小脓肿，3～5天后因败血症而死亡；部分月龄大的仔兔，皮肤表面出现黄豆大小的白色脓疱，病程较长，最后消瘦而死。

（3）仔兔黄尿病 又称仔兔急性肠炎，是吸食患乳房炎母兔的乳汁所致，常使仔兔全窝发病。患病仔兔急性腹泻、昏睡、全身发软，肛门周围及后肢被毛沾污粪尿，潮湿腥臭。病程 2～3 天，死亡率很高。

(4)母兔乳房炎 急性乳房炎母兔体温升高，精神沉郁，乳房肿大呈紫红色或紫黑色；慢性乳房炎时，乳头或乳房局部硬结或肿胀，症状较轻者，泌乳量减少，可逐步变软、化脓、破溃等。

(5)脚皮炎 由于脚掌受伤，导致细菌侵入，发生炎症。表现为脚底脱毛、充血、红肿，进而出现脓肿，流出液体，破溃后形成溃疡面，经久不愈。因脚底疼痛，病兔站卧不安，食欲减退，逐渐消瘦，抵抗力降低，最后呈败血症而死亡。

4. 防治措施

(1)预防措施 保持兔舍、兔笼清洁卫生，定期消毒，杀灭病原微生物；兔笼底要平、无刺状物，垫草要柔软清洁、干燥，防止各种外伤。

定期注射葡萄球菌疫苗，每次每只兔皮下注射 1 毫升。

(2)治疗措施

①全身治疗 肌注庆大霉素，2 万单位/千克体重，每日 2 次，连用 3～5 天；氨苄青霉素肌内或皮下注射，20 毫克/千克体重，每日 2 次，连用 3～5 天；红霉素肌内或皮下注射，10 毫克/千克体重，每日 2 次，连用 3～5 天。

②对症治疗 针对脚皮炎或皮下脓肿进行治疗，可用手术方法排脓，清除坏死组织，然后用 0.1%高锰酸钾溶液或雷佛奴尔溶液清洗后，涂上抗生素软膏或消炎粉，用纱布包扎好，隔天换药 1 次。

③母兔乳房炎的治疗 产仔前 1～2 天开始给母兔饲料内添加复方新诺明，每千克体重每天 50 毫克，分早、晚 2 次使用，连用 7 天，首次药量加倍，可预防乳房炎发生。

乳房炎发病初期的24小时内，先用湿毛巾冷敷母兔乳房，同时挤出乳汁，第二天改用热毛巾敷，每日3～4次，每次15～30分钟；用0.5%的盐酸普鲁卡因注射液在患病乳房周围分点注射，封闭治疗；每只兔肌内注射青霉素40万单位，每日2次，连注3～5天。如形成脓肿，可用手术法排脓、清创，处理方法同皮下脓肿和脚皮炎。痊愈后的种母兔不能继续留作种用。

④仔兔黄尿病的治疗　除了搞好兔舍清洁卫生、防止母兔乳房炎外，还可对症治疗。即向仔兔口中滴庆大霉素注射液，每次3～4滴，每日2次；或用强力霉素滴喂，将0.1克强力霉素粉针剂溶于100毫升5%葡萄糖溶液中，每日给患兔滴2次，每次3～4滴。

(六)大肠杆菌病

大肠杆菌病是幼兔的一种传染病，以严重腹泻为特征，伴有全身性症状，母兔患本病时很容易造成流产或死胎，幼兔发生本病会因严重腹泻而死亡。

1. 病原体　本病的病原体为大肠杆菌，多发生于断奶后的幼兔，致死率很高。青年兔和成年兔的发病率和死亡率均较低。常常是对人和其他家畜没有致病性的大肠杆菌，但对幼兔却有致病性。

2. 流行特点　本病一年四季均能发生，尤以高温、高湿的夏季和秋季多发。如饲养管理不善；饲料中粗纤维含量低，饲料在兔胃肠中停留时间长；兔食入了被污染的饲料和饮水；卫生条件差，环境中大肠杆菌大量孳生等均能引发本病。

平常兔体内就有大肠杆菌存在，在天气突然变化或卫生条件差时，幼兔产生应激反应，导致身体抵抗力降低，大肠内的大肠杆菌就会大量繁殖，毒力增强，破坏肠道黏膜进入血液，引起本病发生。

3. 症状 本病又被称为黏液性肠炎或非特异性肠炎。患兔常精神不振，卧在笼内不爱动，被毛蓬乱，肛门周围的毛常被污染，四肢发凉，体温低于正常，身体因脱水明显消瘦，腹胀，轻微按其腹部时常从肛门中排出液状粪便。常剧烈腹泻，腹泻物呈水样或胶冻样，水样粪便中有气泡。粪便颜色呈黄色、灰白色或暗灰色，均混有黏液。

4. 防治措施

(1)预防措施 仔兔培育室、幼兔舍在冬季气温低的时期一定要采取加温措施，保证仔兔培育室达到20℃以上，幼兔舍达到18℃以上，给仔、幼兔创造温暖的环境；春、秋季气温变化大，每当大风降温天气来临时，仔、幼兔舍都要加温，防止室温有大的起伏。仔兔在18日龄前后注射1次大肠杆菌疫苗，每只1毫升。

(2)治疗措施 链霉素肌内注射，20万单位/千克体重，每日2次，连注3～5天；土霉素粉剂按0.04%拌入饲料喂服，连用5天；庆大霉素肌注2万单位/千克体重，每日2次，连注3天；氟哌酸口服，100毫克/千克体重，每天2次，连用3～5天。

也可以用吡哌酸大蒜合剂治疗，方法是：取500克大蒜瓣捣碎，加白酒1 000毫升，浸泡5～7天，过滤去渣后即成大蒜酊备用，用时将1片吡哌酸(0.25克)研为细粉与5毫升大蒜酊混合给患兔灌服，每日2次，连用3天。

对于排水样粪便的患兔可在交巢穴(尾根下至肛门间凹陷处)注射5%恩诺沙星。每千克体重0.3毫升，用6号针头插入穴内2～3厘米后缓缓将药液推入。然后肌内注射顶锋霉素，大兔1支、小兔半支。同时饲喂氟哌酸1片（0.1克），或黄连素2片，或泻痢停1片。如果该法治疗后，病兔仍无好转迹象，则可放弃治疗，尽早淘汰。

（七）沙门氏菌病

本病又称副伤寒，是一种引起败血症、顽固性下痢和流产的传染病。

1. 病原体　为鼠伤寒沙门氏菌和肠炎沙门氏菌，革兰氏阴性。广泛存在于自然界中，常寄生在多种动物的消化道内，在干燥环境中可存活1个月以上。石炭酸、来苏儿等普通消毒剂都能将其很快杀灭。

2. 流行特点　在毛皮动物中兔最易感，如食入被沙门氏菌污染的饲料，饮用被沙门氏菌污染的水会引起本病发生；正常兔消化道内有沙门氏菌寄生，但如天气突然变化，兔受寒冷或炎热的袭击产生应激反应时，抵抗力降低，体内寄生的沙门氏菌就会大量繁殖，引起本病。本病发病无明显的季节性，但夏末秋初发病率最高。

3. 症状　本病除个别病例以败血症突然死亡外，一般表现为下痢和流产。

(1)急性下痢　多见于断奶后的幼兔，除少数患兔突然死亡外，多数患兔体温升高，粪便稀烂，带有黏液，肛门周围及后肢沾有粪便，很快衰竭死亡。

(2)慢性下痢　又称顽固性下痢，多见于成年兔。患兔长期下痢，粪便稀烂，带有胶冻样黏液。被毛粗乱，喜卧暗处，最后因身体极度消瘦而死亡。

(3)流产　妊娠母兔患本病后常发生流产，阴道黏膜充血、肿胀，并有脓样黏性分泌物。30%～50%的母兔流产后死亡，康复的母兔以后也不容易再妊娠。

4. 防治措施

(1)预防措施 搞好环境卫生，消灭蚊蝇；防止老鼠进入兔场、兔舍；饲料、饮水、垫草都应保持清洁，防止污染。坚持每半年注射1次沙门氏菌灭活疫苗，每次1毫升；一旦在场内发现本病，对患兔隔离治疗，对笼舍用消毒剂消毒。

(2)治疗措施

①庆大霉素 每只患兔肌注2万～4万单位，每日2次，连用3～5天，仔、幼兔酌情减量。

②卡那霉素 每千克体重肌注10～20毫克，每日2次，连用3天。

③土霉素 每千克体重肌注10～15毫克，每日2次，连用3天；或在饲料中添加0.04%土霉素纯粉喂服，连喂3天。

④磺胺脒 每日每千克体重口服0.1～0.2克，分2次服用，连用3～5天。

⑤磺胺二甲嘧啶 每千克体重每日口服0.5克，分2次服用，连用5天。

(八)皮肤霉菌病

又称秃毛癣或脱毛癣，是由真菌感染皮肤引起的皮肤炎症和脱毛。本病严重影响毛皮质量，常给长毛兔生产带来严重损失。

1. 病原体 主要为须发癣菌和多种小孢霉菌。该类真菌对外界环境的抵抗力极强，干燥环境下能存活2～3年，煮沸1小时方能将其杀灭。

2. 流行特点 本病一年四季均可发生，主要是通过病兔和健康兔的接触而感染，也可通过用具、垫草、笼舍及饲养人员不正规的操作传播。以散发为主，偶尔也有群发，幼兔较成年兔易发。

3. 症状 感染部位由鼻、耳、面部开始，以后逐渐蔓延至全身其他部位。患部最早出现圆形或椭圆形小突起，上覆一层灰色或黄色干痂，干痂掉后即出现无毛区。患部的兔毛在皮层处断裂脱落，不损害毛囊，治愈后仍会长出新毛。真菌分泌毒性物质，刺激皮肤引起瘙痒，病兔常常啃咬患部，有时被咬破的皮肤继发细菌感染，引起患部毛囊肿胀，严重的病例患兔常常消瘦。

4. 防治措施

(1)预防措施 本病多发生在饲养管理条件差、卫生条件不好、兔舍潮湿的饲养场。预防时应注意搞好兔舍清洁卫生、做好兔舍通风换气工作，保持兔舍空气新鲜。兔舍、兔笼、用具应经常清洗和消毒。

一旦发现患脱毛癣的患兔，应马上隔离，对其使用的兔笼和用具用3%火碱溶液或0.5%的过氧乙酸进行消毒。

(2)治疗措施

①灰黄霉素 每千克体重25毫克，加入饲料中喂服，每日1～2次，连用1周。

②克霉唑软膏 涂擦于患部，每日1次，连涂5～7天。

③硫黄软膏 取硫黄50克，5%碘酊10毫升，凡士林300克，配成软膏涂擦患部，3日1次，直至开始长出新毛为止。

④水杨酸软膏 取苯甲酸12克，水杨酸12克，凡士林100克，加热混匀后涂于患部，2日1次，直到长出新毛为止。

⑤敌百虫液 取敌百虫2克、煤油98毫升，混合均匀涂擦患部，3日1次，连用5次。

六、长毛兔常见寄生虫病的防治

（一）兔球虫病

球虫病是长毛兔常见且危害严重的内寄生虫病，以断奶到3月龄的兔最易感。成年兔因抵抗力强一般都能耐过，但不能产生免疫力，且患兔体重下降。

1. 病原体 本病的病原体为兔球虫属的单细胞原虫，共有14种，其中传染力高、传播面广、危害严重的有8种。

2. 流行特点 病兔所排粪便中含有大量卵囊，当湿度为55%～75%、温度在20℃以上时，经过2～3天即可发育成熟而具有传染性。卵囊对消毒药物及低温的抵抗力强，但对干燥和高温抵抗力弱。断奶至3月龄的幼兔易感性最强，死亡率最高，成年兔感染后发病轻微。生活史中无中间宿主。繁殖可分为无性繁殖、有性繁殖和孢子生殖3个阶段。在温暖、多雨、潮湿的季节最易流行。

3. 症状 由于球虫种类和感染部位不同，症状也不相同。大致可分为肠型、肝型和混合型3种。

(1)肠型 多呈急性经过，常危害30～60日龄的幼兔。发病时病兔突然倒下，头向后仰，两后肢强直，肌肉痉挛，前肢划动，死前发出惨叫声。急性不死的患兔转为慢性，表现为食欲不振，腹部胀气，腹泻和便秘交替发生。

(2)肝型 多呈慢性型，病初症状不明显，后期可视黏膜发黄，肝区触之有痛感反应，肝肿大，时有腹水，被毛无光泽，眼睑发紫，眼结膜苍白。后期四肢痉挛、麻痹，最后因衰竭而死亡。

(3)混合型 多发生于成年兔，肠型和肝型的症状同时发生。初期食欲减退，精神不振，伏卧不动，贫血，腹泻与便秘交替发生。尿频，尿液呈黄色浑浊。腹围增大。预后不良。

4. 防治措施

(1)预防措施 搞好兔笼、兔舍内的清洁卫生，防止兔粪污染饲料、饲草、饮水和用具，以免循环感染。笼舍、用具每周清洗、消毒1次，可使用福尔马林、火碱和石炭酸溶液等。

(2)治疗措施

①氯苯胍 治疗量按0.03%加入饲料喂服，连用1周左右。

②球痢灵 治疗量按0.025%～0.03%拌入饲料喂服，连用3～5天。

③磺胺喹噁啉 对肠球虫病和肝球虫病都有效。按0.02%加入饮水中饮用，连用3～4周，用于预防；按0.03%混入饲料或饮水，可用于治疗。

④磺胺氯吡嗪(三字球虫粉) 按0.02%混入饮水，供断奶仔兔连用30天，有预防作用；发病时最大治疗量可达0.3%。

⑤四黄散 大黄5份，黄连、黄柏各16份，黄芩15份，混合研末拌入饲料，每日2次，每次每只3克，连用5天。

⑥治球九味散 白僵虫30克，生大黄、桃仁、土元、白术各15克，桂枝、白茯苓、泽泻、猪苓各9克，混合研成细末，每次每只6克加入饲料，每日2次，连用7天。

(二)兔疥癣病

兔疥癣病也是长毛兔的常见、多发病之一，是疥螨寄生在兔皮肤内而引起的一种外寄生虫病。本病具有高度的传染性，发病后如不及时治疗，会迅速传遍全群，造成严重危害。

1. 病原体 本病病原体为兔螨，常见的有疥螨、痒螨、足螨等。

2. 流行特点 螨虫的发育过程可分为卵、幼虫、稚虫和成虫4个阶段，从卵发育到成虫需要2～3周。螨虫在兔表皮层挖掘隧道，在隧道中每隔一定距离便有1个小孔，以便通气和作为幼虫外出的孔道。雌虫1次产卵20～60粒，成虫寿命为3～6周。患兔是主要传染源，患兔与健康兔接触可以传播本病；通过接触被螨虫污染的食具、笼具、产仔箱等也可以传播。本病一年四季均可发生，秋、冬季阳光照射不足，阴雨潮湿，最适宜螨虫繁殖、生长和蔓延。

3. 症状

(1)耳癣 主要是由痒螨寄生在耳部所造成。病初皮肤红肿、破溃，流出白灰色或黄褐色渗出物，数日后结成黄褐色痂块，痂块逐渐加厚、干裂，布满整个耳朵。患兔因瘙痒而不安，食欲减少，逐渐消瘦，最后因体质衰弱而死亡。

(2)身癣 是由疥螨寄生而造成。病初先出现在鼻和唇，逐渐蔓延至眼、面部和全身。患部皮肤红肿，逐渐变厚，脱毛。因瘙痒病兔常用足爪搔抓、啃咬止痒，引起皮肤炎症，导致细菌性感染而使病情加重。

(3)足癣 是由足螨寄生在脚掌部皮肤内所引起。病初皮肤红肿，逐渐加厚，患足跛行。

4. 防治措施

(1)预防措施 定期消毒兔舍、兔笼及食具、用具；笼底板定期用2%敌百虫水溶液浸泡后洗刷、晾干，或用喷灯火焰消毒；定期检查兔群，一旦发现病兔及时隔离治疗，对其使用过的兔笼及用具等进行消毒。

皮下注射伊维菌素,0.02毫升/千克体重,或用阿维菌素片,0.02毫克/千克体重,拌入饲料中喂服,2种方法均为每季度使用1次,有预防作用。也可使用灭虫丁,每千克体重肌内或皮下注射0.2毫升(1毫克/毫升),也有预防作用。

(2)治疗措施

①敌苏合剂　敌百虫1.5克,来苏儿2毫升,加水至100毫升,患部去痂后涂擦,每日1次,连用3天。

②敌酒合剂　敌百虫2份,来苏儿2份,75%酒精96份,混合均匀,患部去痂后用棉球蘸取药剂涂擦,每日1次,连用3天。

③复方硫黄擦剂　取硫黄10克,雄黄10克,蛇床子20克,来苏儿2毫升,液体石蜡500毫升。硫黄、雄黄、蛇床子研末过筛,置乳钵中加少许液体石蜡研匀,并缓缓加入来苏儿研磨,随加随研,再加入少许液体石蜡,研至浑浊状,最后加液体石蜡至500毫升,备用。同时将患部去痂,以脱脂棉蘸取药剂涂擦,每日1次,连用3天。

④硫碘凡合剂　硫黄50克,5%碘酊10毫升,凡士林300克,混合制成软膏备用,用时患部去痂,用软膏涂于患部,每日涂1次,连涂3～5天。

⑤碘甘油合剂　以5%的碘酊3份、甘油7份,混合后装瓶备用。发现兔耳螨时,去痂涂于患部,每日1次,连涂3天。

七、兔常见普通病的防治

(一)消化不良性腹泻

是一种非传染性疾病,养兔生产中多见,处理不及时则死亡率很高。

1. 病因 幼兔食用过多含水分大的青绿饲料，吃了露水草或冰冻饲料，幼兔贪食吃得过多，兔舍阴冷潮湿或天气突然变冷使幼兔新陈代谢率下降、消化能力降低等，都可引起消化不良性腹泻。

2. 症状 患兔精神沉郁、食欲减退或拒食，腹部发胀，被毛蓬乱。粪便稀软，严重者呈稀糊样或水样，混有未消化的食物块。后肢上部及肛门周围被粪便污染呈黑色。随着病情加剧，有的体温升高，逐渐消瘦，黏膜发绀，黄染，蹲卧不动，少数很快死亡，多数能坚持 2～3 天。

3. 防治措施

(1)预防措施 饲料中保证粗纤维的含量，使饲料在消化道内运行加快；不喂变质的饲料，不喂腐烂的草，不喂露水草、冰冻饲料，不饮有冰碴的水；幼兔投饲应少量多次，每次只吃八成饱。保证仔、幼兔舍温暖、干燥，遇大风降温天气，仔、幼兔舍应及时升温。

(2)治疗措施 在患兔腹中线下部用点燃的烟头烫一下，可起到温中散寒的作用，一般 1 次见效，不见效的 4 小时左右再烫 1 次，仍无效者可采取其他措施。如用紫皮大蒜去皮捣成泥，然后按 1∶3 的比例加入白酒混合后灌服，每次 2 毫升，每日 2～3 次，连服 3 天，可治疗腹胀腹泻；大黄苏打片 2～3 片、土霉素 1 片研成粉状，水调灌服，每日 3 次，直到症状消失；磺胺脒片喂服，首次 0.3 克/千克体重，维持量 0.15 克/千克体重，或磺胺二甲基嘧啶 0.05～0.08 克/千克体重，每日 3 次，连服 3 天；链霉素肌内注射，20 毫克/千克体重，每日 2 次，连用 3 天。

（二）便　秘

本病为肠中食物停留时间过长，变干、变硬，致使排泄困难，甚至阻塞肠管的一种肠道疾病。

1. 病因　由于青、粗饲料比例小，精饲料多，食物在肠道内运行慢；长期饲喂干饲料且饮水不足；饲料中有泥沙、毛等异物，致使形成大的粪块而导致本病发生；有些发热疾病，使体内水分散失较多等也可引发本病。

2. 症状　患兔食欲减退或废绝，精神不振，不爱活动，听诊腹部肠鸣音减弱或消失。患兔频繁作排便姿势，但无粪便排出或排少量坚硬的粪球；排便次数减少，甚至数日不排便。患兔腹胀，起卧不宁，常表现头下俯、弓背凝视肛门处，为腹部不舒适的表现。

触诊腹部时兔有痛感，且能摸到坚硬的粪球；由肛门行直肠指诊时发现直肠内蓄有干燥硬结的粪块。无并发症，体温也不升高。

3. 防治措施

(1)预防措施　夏季保证供给足够的青绿饲料，冬季用粗干饲料时要供给一些多汁饲料，并保证饮水；加强运动；饲喂要定时定量使消化有规律。

(2)治疗措施

①白蜡烛喂服　对进食的兔，将白蜡烛切碎拌入饲料中喂服，成年兔每次喂服10～20克，幼兔每次喂服5～10克，每日早、晚各喂1次，连用2～3天即可痊愈。

②肥皂水灌肠　将温度为45℃左右的肥皂水30～40毫升，用导管从患兔肛门灌入腹部并按摩，一般1次即可治愈。

③蜂蜜、植物油合剂灌服　将蜂蜜10克，菜籽油25毫

升，与适量温水混合后给兔灌服。

④蜜胆液灌服　猪胆汁 50 毫升，蜂蜜 125 克，加温水 500 毫升混合均匀后，每次每只 20 毫升给兔灌服，每日 2 次，当天可排便，次日即可痊愈。

⑤醋胆液灌肠　食醋 10 毫升，加猪胆汁 20 毫升混合后给患兔灌肠，过一会放兔，即可很快排便。

⑥内服缓泻剂　硫酸钠 4～8 克，植物油 10～20 毫升，液体石蜡 20～30 毫升混合灌服，每次每只 20 毫升，每日 2 次，当天可排便。

⑦润滑剂灌肠　取植物油、液体石蜡按 1∶1 混合，注入直肠 10 毫升，有助于排除停留在肠内的粪便。

⑧开塞露液灌肠　取人用开塞露液，从肛门注入 3 毫升左右，操作者用手压迫肛门防止流出，5 分钟后放开很快即可排便。

（三）毛球病

因患食毛癖或误食兔毛后，在胃内形成毛球，阻塞幽门或肠管而引起的肠道疾病。

1. 病因　由于兔毛因长期不梳理而缠结，兔咬毛并吞食逐渐形成食毛癖；笼内散落在饲料、水槽、垫草中的兔毛没有及时清理，被兔误食；或长期缺乏必要的氨基酸（胱氨酸、蛋氨酸）、无机盐等造成食毛癖等，都可引发本病。

2. 症状　病初表现食欲不振，大量饮水，喜伏卧，粪便积结，成串带毛。当形成幽门阻塞和肠梗阻时，患兔除饮水外，食欲废绝，胃内因饲料发酵而引起臌胀，触诊胃部有硬团状物。如处理不及时，随着病程延长，因消化障碍，身体衰竭而死亡。

3. 防治措施

(1)预防措施　经常保持兔笼内的清洁卫生，饲料中添加无机盐、维生素、蛋氨酸和胱氨酸等。

(2)治疗措施　根据症状和触诊确定为毛球症后，病初或毛球小的时候，可用手轻轻按摩病兔胃肠部，以助毛球排出。药物治疗可用治疗便秘的一些方法润滑胃肠，促进毛球排出。另外，内服多酶片 4～5 片(0.5 克/片)，每日 2 次，连用 5～7 天，可使毛球逐渐酶解；内服植物油 20 毫升，每日 2 次，直到毛球排出为止。毛球排出后若患兔食欲不佳，可内服大黄苏打片 1 片，或龙胆苏打片 1 片，每日 2 次，连服 2 天。

(四)中　暑

炎热的夏季若防暑工作做得不到位，太阳直射于笼上造成高温，或因通风条件差，兔舍内闷热，可引起中枢神经系统功能紊乱，出现中暑症状。

1. 病因　长毛兔汗腺不发达，散热功能差，在夏季天气炎热时，兔舍闷热潮湿、通风不良、饮水不足；或简易兔舍无遮阳设施，太阳直射致兔笼内温度过高；或天热时长途运输，车厢内拥挤闷热，且饮水不足，均可引起本病发生。若夏季到来之前不剪毛，被毛厚不散热更易发生中暑。

2. 症状　主要表现为身体发热，脑部充血，继而出现呼吸系统和循环系统障碍。病兔口腔、鼻腔、眼结膜潮红、发绀，体温升高，心跳加快，步态不稳，呼吸困难，从口、鼻中流出带血色的黏液。病兔常伸腿伏卧，四肢呈间歇性颤动或抽搐，有时突然虚脱、昏迷、尖叫而死亡。

3. 防治措施

(1)预防措施　简易兔舍夏季要注意遮阳，防止太阳直射于笼上；兔舍必须通风良好，温度超过 32℃时，及时在地面洒水降温；夏季来临时要剪 1 次毛，以便于热天兔体散热；要不间断地供应清洁的饮水。

(2)治疗措施 发现中暑的兔马上转移到阴凉通风处，用冷毛巾敷在兔的头部、胸部；耳尖、尾尖放血。

药物治疗可用人丹 2～3 粒灌服，或十滴水 2～3 滴灌服；或用薄荷水 3～4 滴、人丹 2～5 粒加水适量灌服；若兔严重昏迷可用大蒜汁、生姜汁或韭菜汁滴鼻，每次 2～3 滴，可刺激其苏醒，效果良好；肌内或静脉注射樟脑磺酸钠，每次每只0.5～1 毫升，效果良好。

(五)感　冒

感冒是长毛兔晚秋、冬季和早春的常见病。特别是刚剪过毛后受到寒流袭击时最容易患病。

1. 病因 本病多发生在晚秋、冬季和早春，由于天气突然变冷，身体不能适应而引起。或剪毛后遇到寒流侵袭，使兔受寒；兔舍长期阴冷潮湿，长毛兔身体长期不适等都能引起本病发生。

2. 症状 患兔食欲减退，食量减少；先流清水样鼻涕，逐渐变稠或变为脓样，打喷嚏，鼻黏膜潮红，轻度咳嗽，重者连续咳嗽，发热，体温达 40℃以上；后期呼吸困难。如处理不及时，护理不当，可继发支气管炎或肺炎。

3. 防治措施

(1)预防措施 冬季采取拔毛的方式采毛，使长毛兔始终有体毛保温。如果采取剪毛的形式，可先剪去背部或腹部的毛，在兔体上留一半面积的毛用于保温，待先剪掉的毛长长后能起保温作用时，再剪去留下的那一部分毛，就这样交替剪毛直到春暖以后再一次性剪去全身毛。同时，兔舍要采取加温、防寒保暖等措施。

(2)治疗措施 内服阿司匹林退热，成年兔每次1片，幼兔减半，每日2次，连用2～3天。或肌内注射复方氨基比林注射液，每千克体重0.5～1毫升，每日2次，连用2～3天；为预防合并感染可肌内注射青霉素、链霉素各20万单位/只，每日2次，连用2～3天。

(六)中　毒

饲养管理不善，使长毛兔误食了被农药污染的饲料、有毒的饲草或发霉的饲料等，均可引起中毒。

1. 病因 由于目前常用的有机氯和有机磷农药污染了饲料、饲草未被发现，长毛兔食入后导致中毒；有些植物有毒，如苍耳、毛莨、白头翁、乌头、狼毒、菖蒲、曼陀罗等，如果误食了这样的草，也会引起中毒；霉变饲料中的黄曲霉菌、青霉菌、白霉菌等分泌的毒素一旦被兔食入，并达到一定的量也会引起中毒。

2. 症状

(1)农药中毒 有机氯农药中毒时表现为多种形式的兴奋，如肌肉震颤，低头弯颈，共济失调，流涎；有机磷农药中毒时表现为绝食、流泪、流涎、瞳孔缩小，呼吸急促，心跳加快，全身肌肉震颤，兴奋不安和痉挛。轻者表现腹泻和流涎。

(2)有毒植物中毒 根据食入量的不同，中毒程度不同，表现为以下症状：四肢和颈部肌肉不同程度的疲软或麻痹，头贴笼而不能举起，俗称“低头病”。同时还会出现流涎、被毛粗乱、体温下降、排出柏油状粪便等。

(3)霉菌毒素中毒 中毒兔表现为口吐白沫，头部及颈部肌肉痉挛。消化不良，初期便秘，后转腹泻，粪便恶臭，附有黏液。精神沉郁，低头嗜睡。妊娠母兔出现流产。

3. 防治措施

(1)预防措施 加强饲养管理，饲料来源要安全，采购的饲料原料要有严格的验收制度，严禁发霉变质的饲料进场。如割杂草喂兔，则要认真清除有毒杂草。

(2)治疗措施 根据以上中毒症状，一旦确诊，马上灌服2%～5%的温盐水，并用鸡毛或鹅毛刺激中毒兔咽部后壁，以催吐胃内容物。或内服5%硫酸镁溶液30～50毫升，可加速排出胃内容物。

静脉注射5%葡萄糖溶液30～50毫升，或生理盐水100毫升，效果良好；有机氯农药中毒时，可肌内注射苯巴比妥钠0.05克/只；有机磷农药中毒时，可肌内注射1%硫酸阿托品0.5～1毫升/只，或静脉注射4%解磷定0.5～1毫升/只。为防止继发感染，可肌内注射庆大霉素4万单位/只，每日2次，连用2～3天。霉菌毒素中毒时，先按上述剂量注射葡萄糖或生理盐水，再用黄连素10毫升或紫药水2毫升，加冷开水10～20毫升1次灌服。

(七)维生素缺乏症

维生素的种类很多，一般不会出现缺乏，这里只介绍与繁殖有关的维生素缺乏时给兔造成的影响。

1. 病因

(1)维生素A缺乏的原因 兔平时不喂青绿饲料，配合饲料中又不注意补充，结果导致维生素A缺乏；饲料贮存不当，如暴晒、酸败、氧化等，使维生素A的前体——胡萝卜素遭到破坏，引起维生素A缺乏。

(2)维生素 E 缺乏的原因　饲料中维生素 E 添加量不足;长期饲喂不饱和脂肪酸含量过高的饲料,可引起维生素 E 缺乏;肝脏感染肝球虫,使维生素 E 贮存量减少,引起缺乏。

(3)维生素 B_1 缺乏的原因　日粮中维生素 B_1 含量不足;兔盲肠内的微生物可以制造维生素 B_1,但吸收得极少,盲肠内容物常以黑鞋油状或黏糊状的球形体被排出体外,称之为盲肠粪,粪内除含丰富的维生素 B_1 外,还含有丰富的其他维生素。长毛兔具有吞食盲肠粪的本能,如果某兔无食盲肠粪的习惯,就容易出现维生素 B_1 缺乏症。

2. 症状

(1)维生素 A 缺乏症　黏膜上皮细胞萎缩,出现不同的炎症。如呼吸道黏膜和消化道黏膜受损,出现咳嗽、腹泻、生长发育迟缓等;严重者神经功能紊乱,听觉迟钝,视力减弱,角膜浑浊、干燥,眼周围堆积结痂样分泌物,称为干眼病;母兔缺乏维生素 A 时繁殖力降低或不孕;妊娠母兔早产,产死胎、弱仔、畸形仔等。

(2)维生素 E 缺乏症　首先表现四肢强直,进而呈现肌无力,不爱运动,喜欢卧地,全身紧张性降低。幼兔生长发育停滞,成年母兔受胎率降低,流产或产死胎;公兔可导致睾丸损伤,影响生精功能。

(3)维生素 B_1 缺乏症　首先出现消化分泌功能降低,食欲不振,便秘或腹泻。进而出现泌尿功能障碍,发生渐进性水肿,最后导致严重神经系统损伤,呈现运动失调、麻痹、痉挛和抽搐,昏迷甚至死亡。

维生素 B_1 缺乏时会破坏正常的生殖功能,表现为母兔卵巢萎缩,卵泡发育停止;胚胎被吸收,造成空怀、流产、死胎或初生仔兔生命力弱,母兔无乳或乳汁缺乏等。公兔发育不良,影响精子成熟，甚至丧失性欲。

3. 防治措施

(1)预防措施 坚持日粮中搭配青绿饲料和多汁饲料，如嫩绿的苜蓿草、蔬菜、胡萝卜等。如在缺乏这些饲料的季节，可在日粮中添加维生素添加剂，维生素A每天每只必须达到1 000单位，维生素E必须达到10毫克，维生素B_1必须达到20毫克。

(2)治疗措施 治疗维生素A缺乏时可以肌注维生素A注射液，每千克体重200单位，或内服维生素A胶囊，每千克体重400单位，连用5～7天；维生素E缺乏时可肌内注射亚硒酸钠维生素E注射液，每次每只1毫升，1日1次，连用3～5天，或按每千克饲料加入维生素E原粉25毫克，任其自由采食；维生素B_1缺乏时，可内服维生素B_1片，每片10毫克，每次每只1～2片，每日2次，连用3～5天，或肌注维生素B_1制剂，每次每只15毫克，每日2次，连用3～5天。

(八)佝偻病

为幼兔饲料中缺钙或吸收钙的功能发生了障碍，使钙盐沉着不足，造成幼兔发育迟缓、骨骺肿大及骨骼变形，失去行走能力的疾病。

1. 病因 造成幼兔佝偻病的原因有先天性和后天性2种。先天性佝偻病是由于母兔妊娠期营养失调、缺乏光照，或饲料中缺乏钙盐、维生素D和蛋白质等，使胎儿发育不良，产后对钙、磷吸收仍有障碍，导致佝偻病。后天性佝偻病可能有以下原因：一是断奶过早，幼兔对饲料中钙和磷的吸收还不完善；二是饲料中无机盐、蛋白质和维生素D不足；三是光照不足；四是有胃肠道疾病，维生素D吸收不足。

2. 症状 先天性佝偻病，仔兔出生后体质弱，肢体异常、变形，与同龄兔相比，站立起来的时间延迟，而且站立不稳，走路摇晃。四肢向外叉开。

后天性佝偻病表现精神不振，食欲减退，逐渐消瘦，生长发育缓慢，进而骨骼变形，出现拱腰凹背，肋骨与肋软骨结合处肿大，肋骨内陷，胸骨突出，形成“鸡胸”。骨质疏松，易发生骨折。四肢骨骼变形，不能跳跃，轻者出现跛行，重者不能活动，出现抽搐，随后死亡。

3. 防治措施

(1)预防措施 对妊娠母兔、哺乳母兔、幼兔的饲料要多品种搭配，饲料要全价，特别要保证饲料中维生素 D、无机盐的含量，钙和磷不仅量足且要搭配合理。要加强光照和运动。

(2)治疗措施 10%葡萄糖酸钙注射液每千克体重 1～1.5 毫升静脉注射，每日 2 次，连用 5～7 天；维生素 D_2 胶性钙注射液肌内或皮下注射，每次每只 1 000～2 000 单位，每日 1 次，连用 5～7 天；维生素 D_3 注射液肌内注射，每千克体重 1 500～3 000 单位，每日 1 次，连用 5～7 天。注射前后给患兔补充钙剂，可用碳酸钙内服，每日 1 次，每次每只 0.5～1 克，连用数日；维丁钙片内服，每日 1 次，每次每只 1～2 片，连用数日。对于尚能进食的兔，可在饲料中加入骨粉和贝壳粉，每千克饲料加入 20～30 克。

第九章　兔毛的贮存、收购规格与出口加工

兔毛是天然纤维，是毛纺工业的重要原料之一，经济价值很高。生产大量优质兔毛是饲养长毛兔的目的，掌握兔毛特性，利用科学的方法采毛和贮藏兔毛，也是提高饲养长毛兔效益的重要环节。

一、兔毛的特性

（一）兔毛的形成

兔的毛囊在胎儿期已经形成，最初在表皮生发层出现毛囊原始体，由毛囊原始体进一步发育成毛囊。毛囊分初级毛囊和次级毛囊，前者分化发育早，产生直而粗硬的兔毛；后者分化发育迟，产生细而柔软的绒毛。对胎儿皮肤生发层的组织切片进行显微镜观察，毛囊原始体出现在妊娠 19 天左右，于 22～24 天时大量形成。首先出现于头部，继而出现于背部、臀部和体侧，然后出现初级毛囊和次级毛囊，妊娠 28 天时，毛纤维已开始穿出皮肤表面。

（二）兔毛的生长规律

长毛兔兔毛生长速度每昼夜为 0.7～0.8 毫米，优秀的个体每昼夜生长速度为 0.9 毫米。优秀的成年兔剪毛后至达到优级毛的长度，生长期需要 2.5～3 个月。所以在剪头刀毛之

后，每隔 75～80 天剪 1 次毛，1 年可剪 4～5 次毛。

兔毛生长速度与品系、年龄、营养状况及气候条件有关。在同等饲养管理条件下，目前我国培育的新品系长毛兔生长速度最快，法系兔次之；母兔毛的生长速度快于公兔；兔成年以前兔毛的生长速度随年龄的增长而增长，而 3 周岁以后毛的生长速度随着年龄的增加而减缓；在营养丰富的饲料中供给充足的含硫氨基酸则明显加快兔毛的生长速度；一年中冬季毛的生长速度最快，夏季毛的生长速度最慢。

（三）兔毛的组织结构

兔毛纤维不管是粗毛、细毛或两型毛，其结构均有鳞片层、皮质层和髓质层。

1. 鳞片层 为毛纤维的最外层，由扁平的角质化细胞组成。细胞排列有重叠部分，似鱼鳞状，游离端朝向毛尖，故有较高毡合性。但表面整齐光滑，富有光泽。鳞片层可以保护毛纤维不受物理、化学因素的影响，一旦受到破坏，毛纤维的强度、伸度、弹性均受到严重影响。

2. 皮质层 是鳞片层和髓质层中间的一层，由扁长的纺锤状细胞构成，排列十分紧密，是决定兔毛品质的主要部分。一般兔毛越细，皮质层所占比例越大；兔毛越粗，皮质层所占比例越小。兔毛染色时，染料均被吸收在皮质层中。皮质层细胞间质容易受酸、碱和酶的破坏而分解，会影响兔毛品质。

3. 髓质层 是兔毛纤维的中心层，由菱形或多角形硬化细胞组成。是疏松、多孔的组织，细胞间充满空气，能降低兔毛的导热性。冬季能减少体温散失，夏季有防暑功能。

（四）兔毛的物理性状

或称工艺特性，包括细度（纤度）、长度、弯曲度、强度、伸度、弹性、毡合性、吸湿性和光泽等。

1. 细度（纤度） 是指单根毛纤维横切面的直径，通常用在显微镜下测量的纤维宽度来表示。不同品系的兔毛细度也不同。据测定，法系长毛兔粗毛和细毛毛纤维的细度分别为 48.16～49.18 微米和 14.87～15.66 微米；德系长毛兔分别为 42.78～43.18 微米和 12.67～13.18 微米；中系长毛兔则分别为 38.52～39.18 微米和 11.38～11.63 微米。细度决定着兔毛的可纺支数，同样重量的毛，细毛不仅织物数量多而且织品精细。

2. 长度 分为自然长度和伸直长度。自然长度是指兔毛在自然状态下毛丛的长度；伸直长度则是指兔毛纤维拉直后的真实长度。收购兔毛时常用的是自然长度；毛纺工业上常用的是伸直长度。兔毛长度随品系、采毛间隔时间和采毛方法的不同而有所不同。据测定，73 天养毛期法系长毛兔细毛伸直长度为 5.83～5.98 厘米，粗毛长度为 9.34～9.41 厘米；德系长毛兔为 5.48～5.87 厘米和 8.76～8.98 厘米；中系长毛兔则为 5.47～5.69 厘米和 8.67～8.97 厘米。兔毛越长则纺织价值和产毛量越高，其纺织性能也越好。

3. 弯曲度 是指单位长度内弯曲的数量和大小。兔毛越细，弯曲数越多，弯曲度越好。据测定，细毛每厘米长度弯曲数达 3～5 个，最多可达 7～8 个。一般根部弯曲数较多，越向梢部弯曲数越少。弯曲形状可分为正常弯、浅弯和平弯。细毛为正常弯，用于精纺原料，织品平滑光洁；粗毛为浅弯和平弯，适于粗梳纺纱，织品毛感性强。

4. 强度 即为拉力，指拉断1根毛纤维所用的力，以克来表示。法系长毛兔细毛强度为3.12～3.88克，粗毛强度为9.24～10.12克；德系长毛兔细毛强度为2.48～3.18克，粗毛强度为8.92～10.82克；中系长毛兔细毛强度为2.38～2.89克，粗毛强度为8.90～10.09克。兔毛强度大，织品结实、耐磨。

5. 伸度 又称断裂伸长率。是指把毛纤维拉直后再加力拉至断裂时毛纤维延伸的长度与原伸直长度之比。法系长毛兔细毛伸度为48.81%～53.88%，粗毛伸度为49.94%～56.91%；德系长毛兔细毛伸度为48.70%～54.79%，粗毛伸度为49.48%～55.19%；中系长毛兔细毛伸度为48.68%～52.88%，粗毛伸度为49.37%～54.59%。伸度大，毛的质量好。

6. 弹性 是指对兔毛施加压力时则变形，当解除压力后仍恢复原来的形状和大小的性能。收购兔毛时鉴定兔毛质量，现场测定兔毛弹性时，常常是用手紧握一把兔毛，随即松开，若能很快恢复原来体积，说明弹性好；否则弹性差。兔毛因有弹性，所以其织品能保持原形而不易发皱。

7. 毡合性 兔毛在一定温度和湿度条件下受压力后容易毡合。兔毛的毡合性比羊毛强，在采毛、贮存、运输中，都要防止结块，否则会影响兔毛品质。

8. 吸湿性 兔毛在自然状态下，具有吸收空气中水分的特性。烘干后的兔毛在自然状态下放置1昼夜，所增加的水分含量为回潮率，约为15%。当空气湿度很大时，回潮率可达到20%～40%。兔毛吸潮后容易毡结成块，影响质量。如果湿度过大，易引起发霉变质，因此采毛、贮存、运输中应注意防潮。

9. 光泽 光泽是指兔毛对光线的反射能力。细毛因鳞片排列重叠,反光性较差,故光泽柔和;粗毛因鳞片平整,反光性好,故光泽较强。凡饲养管理条件差、卫生条件不佳引起的尿黄色、灰色毛,均为等外毛。

(五)兔毛的化学性质

1. 抗酸性 兔毛的抗酸能力强,低温下的弱酸或低浓度的强酸对兔毛均无显著影响。但高温条件下和高浓度强酸对兔毛有破坏作用。因兔毛抗酸性强,在加工过程中可利用这一特性清除兔毛原料中的植物杂质,并用酸性染料对白色兔毛染色加工。

2. 抗碱性 兔毛抗碱性弱,碱对兔毛有较大的破坏作用。据试验,在3%氢氧化钠溶液中煮沸5～10分钟,兔毛即能溶解。即使在较低温度下,较低浓度的碱溶液对兔毛也有破坏作用。

3. 温度作用 高温会使兔毛纤维失去水分,强度降低,纤维粗硬;长时间加热处理,会使兔毛分解产生氨和硫化氢,导致兔毛变黄。低温对兔毛无影响,在低温条件下对兔毛进行染色,不仅可缩短染色时间,着色力高,且染色后手感柔软,毛质不变。

二、兔毛的贮存方法与贮存时应注意的事项

(一)兔毛的贮存方法

兔毛的贮存最好用纸箱、木箱,或用布袋和麻袋。

1. 箱装 用干燥、洁净的纸箱或木箱,内衬塑料薄膜或

硫酸纸防潮。装毛后加封，如果是纸箱，外面还要用绳捆扎。这种贮存方法适用于饲养场、户和收购兔毛不多的基层收购站。

2. 袋装 可以用蛇皮袋，也可以用麻袋，但必须是干燥、清洁的。将采集的毛用塑料薄膜或硫酸纸包好，每包 2.5 千克或 5 千克装入袋中，每袋 20～30 千克。装入的毛应压紧，但不要压得太实，防止毡结。装袋后要用线将袋口缝合。

（二）兔毛贮存时应注意的事项

兔毛应存放在通风干燥的室内，不管选择何种贮存方法，都不能将装兔毛的箱或袋直接放在地面上，而应该放在离地面 30 厘米高的架子上。贮存过程中要做好以下几方面的工作。

1. 防压 兔毛有毡合性，在湿、热和压力影响下易缠结毡合。不能马上出售的兔毛，最好装箱保存。装箱时兔毛的方向要一致，不能装得太多，压得太实，以防毡结。装箱后放在通风干燥的室内。

2. 防潮 兔毛吸湿性强，一定要注意防潮。否则微生物大量繁殖会使兔毛变色，发霉变质，失去应用价值。因此，在多雨潮湿季节，贮存兔毛房间的地面应堆一些石灰，以吸收水分，降低室内湿度。

3. 防晒 兔毛长期处在日晒或高温条件下，毛纤维中的角质蛋白易氧化分解产生氨和硫化氢，使兔毛变色、变脆，降低品质。所以，兔毛不可长时间在阳光下暴晒。即使受潮，也只能在通风干燥处晾干。

4. 防虫蛀 兔毛由角质蛋白组成，易受虫蛀危害。保存过程中应定期检查，夏季每半月左右检查 1 次，冬季 1 个月左右检查1次，发现问题及时处理。贮存兔毛时应在木箱、纸箱里放置适量的樟脑球或其他防虫剂，用纱布包好放在箱子的四角和中心。但切忌将防虫剂与兔毛直接接触。

另外，还要注意防鼠、防尘。灰尘污染兔毛后很难清除，带灰尘的兔毛，影响色泽，降低品质。

三、兔毛的收购规格与出口加工

兔毛属于高档商品，不同等级的收购价格相差很大，饲养者必须熟知兔毛的品质和等级标准，收获兔毛时才能做到分级存放，妥善管理。同时，出售兔毛时也不容易上当受骗，影响收入。

（一）国内商品兔毛的收购规格

目前国内商品兔毛的收购规格，主要是按长度和质量分级的。凡符合国家收购规格的兔毛为等级毛，不符合国家收购规格的则为等外毛。

1. 兔毛的品质标准

(1)长 指毛丛的自然长度。一般粗毛长于细毛，测定兔毛自然长度时不计粗毛长度，是以细毛长度为主的。兔毛纤维越长，纺织价值越高。收购兔毛时长度是定级的重要指标。

(2)松 是指兔毛的自然松散度，不是人工加工后的蓬松。人为加工的蓬松毛，毛型混乱，毛纤维鳞片已经损伤，经贮存、运输过程的挤压易重新毡结。收购的优质兔毛应不带毡结毛。

(3)白 我国规定，收购兔毛应为纯白色。纯白色在相互比较时其色泽也有差异，如洁白光亮者为洁白，最佳；色白略带微黄、微红、微灰者称较白色；次于较白色者为次白色。

(4)净　要求兔毛干燥、无霉变毛团、无其他杂质。若有掺杂使假者，如掺入棉花、化纤、麻丝等，应予以拒收。

2. 兔毛的分级方法

(1)看　观察兔毛的长、松、白、净是否达到要求；毛型是否清晰（剪毛有明显剪口，拔毛呈束状）；有无杂质或掺假。再观察兔毛的色泽及松散度，目测主体毛符合什么等级要求。

(2)抖　用手抖松兔毛，检测其是否干燥。掺水做潮的兔毛很难抖开，手摸时有潮湿、冷涩感；检查有无缠结毛或其他残次毛，是否掺有石粉或尿素等白色粉状物。

(3)拉　主要是拉松兔毛，确定缠结毛的缠结程度。略带缠结不呈毡状，容易撕开，撕开后不影响质量；缠结毛呈毡状，但较轻微，稍用力就能撕开，对兔毛品质稍有影响；结块毛缠结严重，不易撕开，对兔毛品质有严重影响。

(4)剔　即剔除杂质、异色毛、各种残次毛及不符合等级要求的缠结毛和不符合长度的跳档毛。

(5)定　通过上述检测掌握的情况，结合兔毛收购标准，合理确定等级。

3. 兔毛收购的等级标准　可分为4个正式等级和2个等外级，详细内容见表9-1。

表9-1　我国现行商品兔毛收购标准

等级	色泽	状态	长度（厘米）	粗毛含量（%）	价格等级比差（%）
特级	纯白	全松	6.4以上	<10	150
一级	纯白	全松	5.1以上	<10	100
二级	纯白	全松	3.8以上	<20	80

续表 9-1

等级	色泽	状态	长度（厘米）	粗毛含量（%）	价格等级比差（%）
三级	纯白	全松	2.5以上	<20	60
等外一	白色	全松	2.5以下	—	40
等外二	烫燍、杂色、黄残毛、缠结				20

（二）兔毛的出口加工

我国兔毛生产在世界上占绝对优势，出口量占世界贸易量的90%以上。兔毛出口创汇已成为我国48个出口创汇超亿美元的商品之一。所以，我国兔毛的生产者和经营者，都必须掌握兔毛出口加工标准及技术，以提高产品质量。

1. 兔毛的出口标准 根据国际市场对兔毛质量的要求，结合国内兔毛生产的实际情况，目前我国制定了出口兔毛的加工标准，见表9-2。

表 9-2 中国白色安哥拉兔兔毛出口标准

等级	平均长度（厘米）	松毛率（%）	色泽	毛型	含杂质（不超过%）
优级	4.05以上	99	洁白	全松，清晰	1
一级	3.38以上	99	洁白	全松，较清晰	1
二级	2.75以上	95	洁白	全松，略乱	5
三级	1.75以上	90	较白	略松，较乱	10
四级	1.75以上	90	较白	略松，凌乱	10
等外	1.75以下	碎块	次白	结块大小均匀	10

2. 出口兔毛的加工操作 主要有分选、拼配、开松、除杂、包装等工序。加工后的商品兔毛由出口商品检验部门按批抽样检查，符合标准的由商检部门出具证书，准予出口；否则不准出口。

(1)分级方法 兔毛分级主要依据毛丛的长度、色泽、松度和毛型。分级时把毛放在筛网上抖松，显出毛型，确定长度、色泽和松度。发现掺杂物时，应随时捡出，单独存放。

(2)松毛捡杂 对松开的毛捡杂时应集中精力，勤松、勤捡，完全清除杂质；对结块毛能手工松开的毛块应尽量松开，并按质量要求分级放置；略有结块不呈毡状容易撕开的，撕开后不影响质量者，可按原有长度、毛型、色泽分级；结块虽呈毡状，但较轻微，稍用力就能撕开，对品质稍有影响者，应降级处理，不得放入优级和一级毛内；结块毛，严重缠结不易撕开者，一律作为等外毛处理。

(3)分级要点

①优级毛

特征：色泽洁白，有光泽，毛型清晰，全松。

长度：3.8～4.3 厘米或 4.3 厘米以上，平均能达到 4.05 厘米以上者。

等级比重：按 2∶8 比例掌握，即 5.08～6.35 厘米的兔毛约占总量的 20%，3.81 厘米以上的兔毛，应占总量的 80%。严禁带入 2.54 厘米以下的短兔毛、残次毛、含杂毛。

②一级毛

特征：色泽洁白，毛型较清晰，全松。

长度：3.1～3.8 厘米或 3.8 厘米以上，平均 3.35 厘米以上。

等级比重：按 6∶4 的比例掌握，即 3.8 厘米左右的主体毛占 60%以上，3.1～3.8 厘米的兔毛不超过 40%。严禁带入短毛、次松毛、异色毛和块毛。

③二级毛

特征：色泽洁白，毛型略乱，全松。

长度：2.5～3.1 厘米或 3.1 厘米以上，平均 2.75 厘米以上。

等级比重：按 2∶8 比例掌握，即 3.1 厘米以上的毛应占 20%，2.5～3.1 厘米的主体毛应占 80%左右。其中 2.54 厘米以下的毛不超过 10%。严禁带入黄梢毛、残次毛和硬块毛。

④三级毛

特征：色泽较白，毛型较乱，略松。

长度：1.5～2.5 厘米或以上，平均 1.75 厘米以上。

等级比重：按 4∶6 比例掌握，即 2.5 厘米以上的毛应占 40%左右，1.5～2.5 厘米的毛应占 60%左右。严禁带入黄梢毛、异色毛、残次毛和硬块毛。

⑤四级毛

特征：色泽较白，毛型凌乱，略松。

长度：1.3～2.5 厘米，平均 1.75 厘米以下。

等级比重：以拉松毛为主，2.5 厘米以上和色泽较白的全松毛占总量的 10%左右。严禁带入二刀毛、异色毛、残次毛。

3. 兔毛分级应注意的事项

(1)高、低档毛的划分　凡是二级以上的毛均列为高档毛，要求色泽洁白，毛型清晰，全松；三、四级毛为低档毛。

(2)高档毛的要求　为保证出口信誉，要严把质量关，要求高档毛一律不带入异色毛、短松毛、残次毛、硬块毛及含杂毛。

(3)严把质量关 必须对验收人员进行兔毛分级、拼配的业务培训。分级时采取先粗分后精分的方法，即首先按出口标准进行粗分，然后按加工标准进行精分，认真剔选加工。

附录　长毛兔常用饲料及营养价值

饲料名称		水分（%）	可消化能（兆焦/千克）	粗蛋白质（%）	粗纤维（%）	钙（%）	磷（%）	赖氨酸（%）	蛋氨酸+胱氨酸（%）
能量饲料	玉米（黄）	12.0	16.05	8.9	3.2	0.03	0.39	0.22	0.2
	玉米（白）	11.8	14.91	7.8	2.1	0.02	0.36	0.25	0.16
	大　麦	10.9	14.04	10.2	4.3	0.10	0.46	0.33	0.25
	小　麦	9.6	14.21	14.6	2.3	0.09	0.29	0.33	0.36
	稻谷（早）	13.0	11.62	9.1	8.9	0.14	0.28	0.37	0.36
	稻谷（中）	9.7	10.87	8.8	11.1	0.12	0.30	0.35	0.28
	大　米	12.5	14.13	8.5	0.8	0.06	0.21	0.27	0.27
	糙　米	13.0	11.78	7.9	0.7	0.04	0.25	0.29	0.28
	碎　米	12.4	13.58	6.9	0.9	0.14	0.26	0.24	0.36
	小　米	12.3	14.43	12.0	7.6	0.04	0.27	0.48	0.37
	燕　麦	10.4	14.80	9.9	9.7	0.15	0.23	0.58	0.12
	黑　麦	14.1	14.25	9.7	2.1	0.08	0.20	0.48	0.27
	米　糠	13.7	13.61	11.6	6.4	0.06	1.58	0.33	0.30
	大麦麸	13.0	10.87	15.4	5.1	0.33	0.48	0.32	0.33
	小麦麸	10.5	11.26	15.6	9.2	0.14	0.96	0.67	0.74
	四号粉	11.0	12.36	14.7	3.1	0.08	0.31	0.54	0.48

续附录

饲料名称		水分（%）	可消化能（兆焦/千克）	粗蛋白质（%）	粗纤维（%）	钙（%）	磷（%）	赖氨酸（%）	蛋氨酸+胱氨酸（%）
豆类及饼粕类饲料	大　豆	11.8	4.94	37.1	4.9	0.25	0.55	2.51	0.92
	蚕　豆	12.7	4.09	33.2	5.9	0.09	0.38	1.82	0.79
	黑　豆	9.0	3.02	37.9	5.7	0.27	0.52	1.60	0.56
	豌　豆	12.7	3.94	22.2	5.0	0.14	0.37	1.88	0.42
	小　豆	12.0	3.89	20.7	4.9	0.07	0.31	1.60	0.24
	豆　饼	11.8	4.14	41.6	4.5	0.32	0.50	2.49	1.23
	菜籽饼	9.8	4.18	37.4	11.7	0.61	0.95	1.18	2.18
	棉籽饼	7.7	4.26	32.3	12.5	0.36	0.81	1.15	1.09
	豆　粕	10.4	4.01	45.6	5.9	0.26	0.57	2.90	1.32
	菜籽粕	9.8	4.16	38.5	11.8	0.79	0.96	1.35	1.46
	棉籽仁粕	9.0	4.19	41.4	12.9	0.36	1.02	1.39	0.87
	花生饼	12.4	4.62	30.2	4.3	0.22	0.41	0.62	1.20
	胡麻饼	9.5	4.20	31.1	12.5	0.45	0.54	0.77	0.50
	葵花籽饼	9.7	4.70	35.7	13.5	0.40	0.50	1.59	1.58
	芝麻饼	8.3	4.93	35.4	4.9	1.49	1.16	0.76	1.69
	糠　饼	8.5	4.08	13.6	11.6	0.07	1.48	0.54	0.92

续附录

	饲料名称	水分(%)	可消化能(兆焦/千克)	粗蛋白质(%)	粗纤维(%)	钙(%)	磷(%)	赖氨酸(%)	蛋氨酸+胱氨酸(%)
多汁饲料与糟渣类饲料	甘　薯	75.4	3.53	1.1	0.8	0.06	0.07	0.08	0.05
	胡萝卜	87.8	1.63	1.5	0.9	0.06	0.03	0.06	0.04
	白萝卜	91.8	0.98	0.6	0.8	0.05	0.03	0.02	0.02
	马铃薯	79.3	2.95	1.5	0.6	0.02	0.04	0.07	0.06
	南　瓜	90.0	1.46	1.7	0.9	0.02	0.01	0.07	0.08
	西瓜皮	93.4	0.86	0.6	1.3	0.02	0.02	0.01	0.01
	西葫芦	97.0	0.37	0.6	0.5	0.02	0.05	0.02	0.20
	甜　菜	85.0	1.71	2.0	1.7	0.06	0.04	0.05	0.02
	豆腐渣	85.0	0.77	3.9	2.8	0.02	0.04	0.26	0.12
	粉渣(豆)	86.0	0.61	2.1	2.8	0.06	0.03	0.18	0.09
	粉渣(薯)	88.2	0.55	2.0	1.8	0.08	0.04	0.14	0.12
	粉渣(玉米)	85.0	0.52	1.8	1.7	0.02	0.02	0.03	0.07
	酒　糟	67.5	1.49	7.5	5.7	0.19	0.20	0.33	0.80
	醋　糟	64.8	1.67	8.5	3.0	0.73	0.28	0.27	0.55
	啤酒糟	86.4	0.62	3.6	2.3	0.06	0.08	0.14	0.19
	甜菜渣	84.8	0.54	1.3	2.8	0.11	0.02	0.34	0.18
	酱　渣	65.0	1.41	11.4	33.0	0.07	0.03	0.53	1.41

续附录

	饲料名称	水分(%)	可消化能(兆焦/千克)	粗蛋白质(%)	粗纤维(%)	钙(%)	磷(%)	赖氨酸(%)	蛋氨酸+胱氨酸(%)
动物性饲料与矿物饲料	鱼粉(进口)	8.0	15.76	58.5	0	3.91	2.98	4.01	1.66
	鱼粉(国产)	9.2	14.50	53.6	2.8	3.10	1.17	3.90	1.62
	肉骨粉	6.8	12.97	51.0	2.3	9.10	4.50	2.49	1.02
	肉　粉	8.0	15.94	54.4	2.1	8.27	4.10	3.00	1.43
	血　粉	10.7	16.85	78.0	1.8	0.30	0.20	7.04	2.47
	酵　母	8.3	15.20	47.1	4.6	0.45	1.48	2.57	0.27
	蚕蛹(全脂)	9.0	23.07	45.3	5.3	0.29	0.58	2.91	2.01
	蚕蛹(脱脂)	10.7	16.80	64.8	4.8	0.19	0.75	4.85	3.58
	蚯　蚓	8.3	14.18	50.7	2.2	0.14	0.38	3.66	2.74
	全脂奶粉	24.0	12.72	25.2	0.2	1.50	0.94	2.60	1.40
	脱脂奶粉	10.0	15.75	30.9	0.4	1.62	0.66	2.40	1.18
	贝壳粉	—	—	—	—	32.60	10.80	—	—
	蛋壳粉	—	—	—	—	37.60	0.15	—	—
	骨　粉	—	—	—	—	30.12	13.46	—	—
	磷酸钙	—	—	—	—	27.91	14.38	—	—
	磷酸氢钙	—	—	—	—	23.10	18.70	—	—
	石　粉	—	—	—	—	35.00	—	—	—
	碳酸钙	—	—	—	—	40.00	—	—	—

续附录

	饲料名称	水分（%）	可消化能（兆焦/千克）	粗蛋白质（%）	粗纤维（%）	钙（%）	磷（%）	赖氨酸（%）	蛋氨酸+胱氨酸（%）
青绿饲料	苜蓿(花前期)	78.5	2.79	4.5	5.3	0.45	0.06	0.16	0.05
	苜蓿(盛花期)	73.4	2.36	4.2	8.7	0.49	0.08	0.17	0.07
	红三叶	87.6	1.75	2.3	3.0	0.03	0.09	0.08	0.05
	白三叶	82.3	2.61	3.9	3.5	0.25	0.04	0.16	0.15
	青　菜	94.0	0.86	1.4	0.5	0.03	0.08	0.04	0.04
	大白菜	95.6	0.88	1.1	0.4	0.04	0.04	0.03	0.03
	胡萝卜叶	80.0	2.74	3.0	3.6	0.40	0.04	0.14	0.08
	甘　蓝	87.7	1.31	2.3	1.7	0.26	0.08	0.09	0.07
	甘薯藤	86.1	1.58	2.2	2.6	0.22	0.04	0.08	0.04
	黑麦草	77.2	1.88	4.1	4.1	0.14	0.07	0.13	0.05
	聚合草	87.1	1.46	3.2	1.3	0.16	0.06	0.13	0.12
	苦荬菜	88.7	1.34	2.9	1.3	0.14	0.12	0.09	0.04
	莴苣叶	89.4	1.34	2.8	1.1	0.14	0.08	0.08	0.05
	野青草	74.7	2.13	1.7	7.1	0.80	0.12	0.05	0.04
	南瓜藤	87.1	1.80	2.1	2.3	0.24	0.07	0.05	0.04
	青割玉米	75.7	2.45	2.0	7.6	0.08	0.05	0.09	0.05
	花生叶	81.0	1.59	4.0	4.5	0.32	0.06	0.11	0.06

续附录

饲料名称		水分（%）	可消化能（兆焦/千克）	粗蛋白质（%）	粗纤维（%）	钙（%）	磷（%）	赖氨酸（%）	蛋氨酸+胱氨酸（%）
干粗饲料	苜蓿干草粉	9.2	6.59	11.8	41.5	1.67	0.16	0.88	1.18
	紫云英干草粉	13.0	9.74	18.1	44.0	0.40	0.20	0.92	1.70
	松针粉	16.7	8.28	8.5	26.7	0.20	0.98	0.39	0.16
	槐叶粉	10.9	9.78	17.8	11.1	1.91	0.17	1.35	0.37
	榆叶粉	12.0	7.53	15.5	7.3	1.33	0.21	0.89	0.24
	桑叶粉	14.9	10.48	14.8	8.8	1.42	0.86	0.88	0.32
	青干草粉	11.5	7.02	7.4	29.4	3.12	0.51	0.32	0.13
	甘薯藤干粉	13.0	9.45	14.7	15.8	0.43	0.43	0.38	0.12
	花生藤干粉	12.8	9.70	13.4	18.3	0.89	0.13	0.23	0.12
	稻草粉	11.2	3.39	4.8	27.8	0.28	0.08	0.08	0.03
	豆秸粉	8.1	4.43	15.3	33.1	0.92	0.48	0.28	0.13
	麦秸粉	12.0	1.02	4.11	35.3	0.88	0.52	0.08	0.02
	玉米秆粉	9.2	5.26	6.00	24.1	0.89	0.45	0.09	0.03
	谷　糠	9.9	5.28	2.03	45.6	0.08	0.07	0.11	0.09

参考文献

1　许怀让．西德长毛兔．上海:上海科学技术文献出版社,1983

2　向前等．长毛兔饲养技术．郑州:中原农民出版社,1985

3　万遂如等．科学养兔指南．北京:金盾出版社,2000

4　陶岳荣等．长毛兔高效益饲养技术．北京:金盾出版社,2001

金盾版图书，科学实用，通俗易懂，物美价廉，欢迎选购

书名	定价
长毛兔高效益饲养技术（修订版）	13.00 元
怎样提高养长毛兔效益	10.00 元
长毛兔标准化生产技术	13.00 元
獭兔标准化生产技术	13.00 元
獭兔高效益饲养技术（第 3 版）	15.00 元
怎样提高养獭兔效益	8.00 元
肉兔高效益饲养技术（修订版）	12.00 元
肉兔标准化生产技术	11.00 元
养兔技术指导（第三次修订版）	12.00 元
肉兔无公害高效养殖	12.00 元
肉兔健康高效养殖	12.00 元
实用养兔技术	7.00 元
实用家兔养殖技术	17.00 元
家兔配合饲料生产技术	14.00 元
家兔饲料科学配制与应用	8.00 元
家兔良种引种指导	8.00 元
兔病防治手册（第二次修订版）	10.00 元
兔病诊断与防治原色图谱	19.50 元
兔出血症及其防制	4.50 元
兔病鉴别诊断与防治	7.00 元
兔场兽医师手册	45.00 元
獭兔高效养殖教材	6.00 元
家兔防疫员培训教材	9.00 元
实用毛皮动物养殖技术	15.00 元
毛皮兽养殖技术问答（修订版）	12.00 元
毛皮兽疾病防治	10.00 元
新编毛皮动物疾病防治	12.00 元
毛皮动物饲养员培训教材	9.00 元
毛皮动物防疫员培训教材	9.00 元
毛皮加工及质量鉴定	6.00 元
茸鹿饲养新技术	11.00 元

以上图书由全国各地新华书店经销。凡向本社邮购图书或音像制品，可通过邮局汇款，在汇单“附言”栏填写所购书目，邮购图书均可享受 9 折优惠。购书 30 元（按打折后实款计算）以上的免收邮挂费，购书不足 30 元的按邮局资费标准收取 3 元挂号费，邮寄费由我社承担。邮购地址：北京市丰台区晓月中路 29 号，邮政编码：100072，联系人：金友，电话：(010)83210681、83210682、83219215、83219217（传真）。